云和县
耕地质量建设与保护

李小荣　主编

中国农业科学技术出版社

图书在版编目（CIP）数据

云和县耕地质量建设与保护 / 李小荣主编 . —北京：中国农业科学技术出版社，2015. 12

ISBN 978 - 7 - 5116 - 2373 - 7

Ⅰ. ①云…　Ⅱ. ①李…　Ⅲ. ①耕作土壤 - 质量 - 研究 - 云和县　Ⅳ. ①S159. 255. 4

中国版本图书馆 CIP 数据核字（2015）第 278344 号

责任编辑　闫庆健
责任校对　贾海霞

出 版 者　中国农业科学技术出版社
北京市中关村南大街 12 号　邮编：100081
电　　话　(010)82106632(编辑室)　(010)82109704(发行部)
(010)82109709(读者服务部)
传　　真　(010)82106625
网　　址　http://www. castp. cn
经 销 者　各地新华书店
印 刷 者　北京教图印刷有限公司
开　　本　850mm ×1 168mm　1/32
印　　张　5. 375
字　　数　127 千字
版　　次　2015 年 12 月第 1 版　2015 年 12 月第 1 次印刷
定　　价　35. 00 元

《云和县耕地质量建设与保护》
编　委　会

序

耕地是人类赖以生存的物质基础，耕地质量的好坏直接影响农产品的产量和品质。因此，有必要开展耕地地力调查和质量评价，查清耕地基础生产能力、土壤类型及土壤肥力状况，进而制定耕地质量保护与建设、改良与利用、农业结构调整以及农业产业发展规划，从而指导科学用地，提高耕地利用效率，保障食品安全，促进农业的可持续发展。

肥料是作物的“粮食”，合理施肥，特别是推广测土配方施肥技术是提高农业综合生产能力、促进农业增效、农民增收及农业可持续发展的重要措施。2009 年云和县开始实施农业部测土配方施肥补贴项目，采集、化验分析土壤样品 1 700余个、11 000余项次，建立了全县耕地土壤养分数据库；通过电视、广播、报纸、黑板报、技术培训会、印发技术资料、测土配方施肥建议卡、现场会、测土配方施肥方案公示牌上墙等多种形式开展广发宣传；通过举办示范方、示范片开展测土配方施肥肥效试验示范，通过推广应用配方肥、商品有机肥提高了技术到位率、覆盖率；经全县各级农业部门的共同努力，摸清了全县耕地、园地的肥力水平，建立了水稻、云和雪梨、茶叶、蔬菜等不同作物的施肥指标体系；测土配方施肥技术得到了广泛应用。

《云和县耕地质量建设与保护》一书是云和县全体农业科技工作者集体智慧的结晶。他们历时数年，综合云和县第二次土壤普查数据，耕作制度变迁、农作物品种更新、气候变化、施肥品种结构变化，当前耕地土壤养分现状、种植业结构、测土数据开发应用效果，农产品产量和品质变化趋势等因素，经过大量基础性研究和科学分析，形成了一套符合云和县实际的耕地评价管理和科学施肥模式。此书内容丰富，图文并茂，数据翔实，观点鲜明，既是一本系统阐述云和县耕地地力变化趋势及现状的基础性文献，也是对近年来云和县土肥工作的一次很好的总结。

此书的出版发行，必将促进云和县耕地地力保护提升、标准农田质量提升、新增耕地地力培育和耕地管理及建设等工作，为加快农业产业发展提供保障。

丽水市农业局副局长

2015 年 10 月

前　言

土壤是人类赖以生存的物质资源，耕地是农产品生产的基础，耕地质量的高低决定农产品的产量及品质。云和县境内以高丘及低、中山为主，耕地立地条件差，严重制约现代农业的发展；同时随着城镇化、工业化的不断推进，优质耕地资源不断减少；因此，对全县耕地状况进行准确评价，制定耕地质量保护技术方案，普及推广测土配方施肥技术，实施沃土工程，加强耕地质量建设，对于促进农业现代化具有重要意义。

2009 年以来，实施测土配方施肥项目，先后在全县采集 862 个土壤样品，涵盖全县残积物、坡积物、冲积物、洪积物、再积物及各种岩类风化物等成土母质，涉及 5 个土类（红壤、黄壤、岩性土、潮土、水稻土）、11 个亚类、33 个土属、57 个土种。化验、分析耕地土壤样品 862 个，共计 11 206 项次，分析指标包括土壤容重、含水量、酸碱度、有机质、全氮、碱解氮、有效磷、速效钾、缓效钾、交换性钙、交换性镁、有效硫、有效硼、有效钼、有效铁、有效锰、有效铜、有效锌、有效硅、水溶性盐总量、阳离子交换量、氧化还原电位等 20 多个。基本掌握了第二次土壤普查以来，云和县耕地土壤养分变化趋势、耕地地力现状及生产潜力。建成了测土配方施肥数据库和耕地资源管理信息系统。形成了云和县耕地土壤分布图、土地利用现状图、采样点位图、土壤有机质含量分布图、土壤有效磷含量分布图、土壤速效钾含量分布图、土壤 pH 值分布图等图件。在总结调查与评价成果的基础上，编写了《云和县耕地质量建设与保护》一书，首次全面系统地阐述了云和县耕地地力变化趋势、耕地地力现状、测土配方施肥技术的研究与应用，介绍了云和县耕地信息化管理系统，提出了云和县耕地资源可持续利用与管理的技术措施。

由于水平有限，书中难免存在错漏和不当之处，敬请广大读者和专家学者批评指正。

编　者

2015 年 10 月

目　　录

第一章　自然条件与农业生产概况

第一节　自然条件

一、地理位置和行政区划

云和县地处瓯江上游，浙西南山区之中。地理坐标为东径119度21分至119度44分，北纬27度53分至28度19分，东邻丽水市，西接龙泉市，南靠景宁畲族自治县，北与松阳县毗连，是个山多田少的山区县。境内南北长47km，东西宽38km，土地总面积146.70万亩（1亩≈667m^2；15亩=1hm^2。全书同)，其中：已利用的土地面积为144.54万亩，土地利用率为98.53%。其中：耕地6.35万亩，占4.33%；园地4.73万亩，占3.22%；林地119.07万亩，占81.17%；其他农用地面积9.41万亩，占6.41%；交通水利建设用地4.98万亩，占3.39%；未利用地面积为2.16万亩，占1.47%。

云和县始建于明景泰三年（公元1452年），由原丽水县浮云乡和元和乡的各一半合建而成。明嘉靖元年（公元1522年），开始在东仁坊和西成坊附近设置东西2个关门，东门称“宾炀”(亦名仰京)，西门称“阜民”（亦名通福）并建楼各3间。清康熙二十七年（公元1688年)，在两个关门的旧址上建筑了城门，并左右环以墙墉。乾隆四十年（公元1775年)、嘉庆十三年（公元1808年）两度重修再建，增设了南北迎薰和拱辰两个城门，改称东门，“宾炀”为青阳门，西门“阜民”为阜安门，各城门上均设置了楼阁，城门间用砖块，卵石构筑了矮墙。至此，云和古城框架基本形成。此后虽经道光、咸丰、光绪年间的几次修葺，古城的面貌、规模仍无多大改观，而后城门和大部分城墙也未完好保存下来。到解放前夕，云和城区面积仅为0.56km^2，只有一条长不足1 000m，宽10m用石砌成的浮云街道（今解放街）。大部分居民沿街道两侧聚居，房屋低矮破旧，商店稀疏，公共设施简陋。

民国十四年（公元1925年）国民党云和县临时党部成立。十六年（公元1927年）5月解散。同月20日，国民党云和县独立区党部成立。十七年（公元1928年），改称云和县党务指导委员会。十九年（公元1930年），复称云和县独立区党部。民国三十年（公元1941年）6月至民国三十三年（公元1944年）10月抗日战争期间曾为浙江省临时省会所在地。

新中国成立后改称城关镇、云和镇（均为县治所在地）。1958年，云和并入丽水县。1962年，划出原云和、景宁两县复建云和县。1984年，云和县又分为云和、景宁两县。

云和县行政区划调整方案分别于2011年9月获省、市政府批复，由“4镇10乡”撤并、调整为“4街道3镇3乡”的行政区划。撤并后全县辖浮云、元和、白龙山和凤凰山4个街道；石塘、紧水滩和崇头3个镇；赤石、雾溪畲族和安溪畲族3个乡。共168个行政村。

云和县总户数37 612户，总人口113 530人。全县非农业人口20 264人，占总人口数17.85%；农业人口92 872人，占总人口数81.8%；未落实常住户口人员394人，占总人口数0.35%。

二、地形地貌

云和县在地质构造上处于华南褶皱系之遂昌——龙泉断隆中部，北东向余姚——丽水涂断裂带从县境东部穿过。境内出露零星基底构造和大面积火山岩盖层，侵入岩发育，形成云和、牛头山两大花岗岩体；北东、北西、南北向断裂构造发育。境内出露地层由老到新有前寒武系、下侏罗统枫坪组、中侏罗统毛弄组、上侏罗统磨石山群之大爽组及高坞组、下白垩统朝川组和第四系全新统。其中：白垩系下统以朝川组地层为主，分布于赤石、云和断陷盆地中。云和盆地似一倒梯形，主要由一套陆相沉积构造间有火山喷发的灰紫色、紫红色砾岩、砂砾岩、粉砂岩、玄武岩等组成。

云和县境内以高丘及低、中山为主，地势自西南向东北倾斜，山脉有南部的洞宫山脉和北部的仙霞岭山脉余支，海拔千米以上山峰有 184 座，多分布在西南部，黄源乡的“白鹤尖”海拔 1 593m，为本县之巅。最低为双港乡的规溪村，海拔 78m，相对高差 1 515m，坡降 21%，西部及西南部的梅九尖、东家塘、西鹤尖、吊庆尖、雾露涂、大箬山等山峰的海拔都在 1 450m以上；南部的李子山，北面的牛头山，东部的鸡头尖均在 1 100m以上，构成本县四面环山之势。由于地形地貌影响，气候垂直的变化和植物群落分布的差异明显，致使土壤垂直分布有明显变化。山势陡峻，坡度 25 度以上的土地面积为 120. 58 万亩，占总面积的 82. 21%（表 1－1）。可见云和县平畈少、陡坡多，应珍惜平畈土地和保护缓坡山地。

表1-1 云和县不同坡度分级面积统计表

单位：万亩

项目＼坡度	县合计	3°以下	3~6°	6~15°	15~25°	25°以上	备注
总面积	146.66	7.20	1.11	5.94	11.83	120.58	
占%	10	4.91	0.76	4.05	8.07	82.21	

本县地貌可划分为3个主要类型，云和盆地、低山和中山。

（一）盆地

海拔在130~200m，包括云和镇、小徐、沙溪两个乡，全长9公里，南北宽约2公里，总面积2.54万亩，占全县总面积1.7%，其中：耕地面积16 258亩，占全县耕地14.87%。地势西南高、东北低，相对高度30~50m，由河谷阶地和低丘组成。出露地表的主要是白垩纪和第四纪地层，在东塘等地尚残留着极少量古红土痕迹。浮云溪从村头入口流穿盆地，将盆地切割成南北对称的两个部分。两侧有12条小坑似羽状汇入浮云溪，到局村流入大溪（瓯江主流）。沿溪两岸都为冲积物，其质地粗细分布与溪流相平行，由粗到细向盆地边缘过渡。盆地边缘多洪积扇，如南面高胥、长田畈、小国畈；北面贵溪后畈、山坑岭、黄坑口等处都是。白垩系的紫红色钙质细粉砂岩、砂砾岩、中更新世红土等分布其间，呈馒头状，构成了低丘地貌。盆地内土壤除部分丘陵外，大都已开辟为农田，水田面积1.54万亩，占盆地面积60.6%，由于气候、水利条件优越，成为云和县农、牧、特主要生产基地。

（二）低山

分布在安溪、沈村、云坛、局村、小顺、双港、朱村、龙门、大源、赤石等乡，海拔在800m以下（除盆地外）总面积为109.47万亩，占全县总面积74.6%，多狭谷为其地貌的主要特点，谷地呈“U”字形，多有间歇性山涧，源短流急，沉积物较粗，无明显层理。出露地表的主要为燕山晚期花岗岩及少量侏罗纪与白垩纪紫色凝灰岩。这些岩石上的残积物与坡积物形成的土壤，主要有沙黏质红土、白岩沙土、黄泥土、石沙土等。在山岗背或山腰及山麓缓坡处，分布着梯田、垄田。由于山涧溪坑的洪水搬运，在湾道及出口平缓处，零星分布着小块洪积阶地，成为山区主要农耕地。

（三）中山

海拔在700m以上，主要分布在西南部梅源区各乡，总面积为34.6万亩，占全县总面积的23.6%，出露地表为侏罗纪地层，其主要岩石为晶屑、玻屑凝灰岩，山势高峻，多高山深谷，谷地呈“V”字形，其成土母质为残积、坡积物。分布着山地黄泥土、山地黄泥砂土、山地石砂土等土种，是云和县主要用材林基地。山麓缓坡地段，有山垄梯田分布，是纯单季稻区。

三、水系径流

云和县的溪流均属瓯江水系。瓯江的干流大溪自龙泉下来，于赤石乡入境，流经龙门、大源、局村、小顺、双港等村，再经丽水、青田、温州入海。境内流程54km，流域面积127.14万亩，占全县总面积85.34%。大溪在本县境内的支流，主要有麻垟溪、浮云溪、石塘坑、梓坊坑、担布坑、金坑等，另外还有呈枝叉状的小涧20多条。

瓯江干流——龙泉溪过境河段长49km。龙泉溪多年平均流量 106m³/s；最大流量 5 900m³/s，最小流量 1.3m³/s。

瓯江小溪支流——梧桐坑，县境内河段长 24.1km。地势高峻，是全县暴雨中心之一。一遇大雨，溪水暴涨，水流湍急。多年平均年径流量 1.69 亿 m³。

四、气候特征

云和县属中亚热带季风气候，多年平均气温 17.6℃，最热月（7 月）平均气温28.4℃，最冷月（1 月）平均气温6.3℃，极端最高气温40.9 度，极端最低气温 -8.3 度，年平均降水量 1 465 ~ 1 969mm，无霜期 240 天，日照 1774. 4 小时。小气候发达，有明显的山地立体性和多层次、多品种的立体农业。

云和盆地年平均降水量为 1 546.4mm，各月之间分布很不平衡，1 ~6 月逐月增加，7 月急剧下降，8 ~9 月又出现回升现象，9 月以后再次下降。一般夏、秋季多台风、雨和雷暴雨，由于时间短，雨量集中，常引起山洪暴发，土壤被冲刷。降雨量随着海拔升高而递增，每升高 100m，降水量大致增加 27.6mm。

年蒸发总量为 1 290.5mm，低于降水量，但 7 ~8 月份蒸发量大于降水量，易出现夏旱和秋旱。

主要自然灾害有暴雨、干旱、冷害等，尤其是暴雨对土壤的侵蚀作用最强，对地表起了破坏作用，山洪暴发，冲垮农田及水利设施，改变了地貌形态。

五、植被

云和县的原生植被，由于人类的长期活动已基本消失。目前丘陵山地上的植被均为次生林或人造林，农作物即是耕地土壤人工植被的典型。云和县山地植被，随着地势的升高，阔叶林逐渐增加，针叶林逐渐减少的趋势。

不同地貌类型分布着不同的植被类型，丘陵地带以常绿阔叶林及针叶林为主，低、中山以常绿、落叶阔叶林及针叶林为主，在海拔1 000m以上的中山区以针叶林——黄山松为主，1 400～1 500m为草灌带，如黄源乡的白鹤尖茅草山海拔1 593m，分布着山地香灰土，全县有3 942亩。

目前，云和县常见的植被类型有马尾松林、杉木林、柳杉林、毛竹林、油茶林、油桐林，以及茶、果园等。森林植被以乔木树种为主，如栎类、甜槠、木荷、马尾松、杉木、柳杉等100多种，属国家重点保护的稀有珍贵树种有三尖杉、花榈木、鹅掌楸、凹叶厚朴、短萼黄连等。

六、土地资源

云和县拥有耕地面积6.35万亩，其中：水田面积5.96万亩，旱地面积0.39万亩；林地面积119.07万亩；园地面积4.73万亩；其他农用地面积9.41万亩。

第二节 农业生产概况

一、农业发展历史

新中国成立前夕云和县粮食水平很低，人均只有181kg，农业总产值546.91万元。解放后三十余年由于农业生产条件得到很大改善，农业经济也起了很大变化，由单一的种植业向农、林、牧、副、渔全面发展过渡，由自给自足的小农经济向商品经济过渡，农业产业结构也有了较大变化。据统计资料1983年农业总产值2 569万元与1949年相比增长了3.7倍，34年的年平均递增率4.66%，农业人均产值285.19元，比1949年农业人均产值117.04元，增长1.44倍。农业生产内部种植业产值占农业总产值的比重，从1949年的68.25%下降到1983年的59.6%。近年来，云和县委县政府围绕社会主义新农村建设的目标，实施支农、惠农政策，切实把“三农”工作作为重点来抓，进一步加大对农业、农村的基础设施建设投资力度，大力推进农业产业化、规模化经营，努力提高农业综合生产能力，有效地促进了农业和农村经济的稳步发展。如今，食用菌发展势头平稳，是农民增收的主要途径。木材采伐量减少，价格居高不下；其他林产品发展良好，板栗、油茶、笋干仍然处在一个生产上升的阶段。茶叶生产增势强劲，茶叶价格保持稳中有升的趋势。

二、农业生产发展现状

近年来，云和县认真落实全面、协调、可持续的科学发展观，大力发展高效生态农业，促进了农业结构的优化升级，综合效益显著提高。

2009年，云和县蔬菜播种面积22 978亩，总产量30 664.0t；豆类播种面积14 735亩，总产量2 061.4t；薯类播种面积19 860亩，总产量6 300.9t；油料播种面积2 722亩，总产量430.9t；甘蔗播种面积143亩，总产量546t；果用瓜播种面积3 198亩，总产量4 178t；食用菌总产量5 886.5t。

2012年云和县粮食播种面积75 570亩，总产量达到2.37万吨；新增药材（元胡）种植面积 400 亩，产量 160t；水果栽植面积23 835亩，水果产量 8 709t；茶园面积 31 530亩，茶叶产量873t；香菇种植量为6 000万袋左右；代料黑木耳 1 600万袋；产油茶籽 1 262t；出产笋干 193t；拥有茶园总面积 3. 2 万亩，全年茶叶产量 873t，实现产值 3 408万元。

第二章 土壤资源特点与利用

第一节 土壤形成与分布

土壤是历史的自然体，也是劳动产物，土壤的形成和发育与环境因素（母质、气候、水文、地形、植被）和人文因素有着不可分割的密切关系。

一、地形地貌

境内大地构造属华夏陆台浙闽地盾的一部分，受历次地壳运动的影响，而以白垩纪燕山运动影响尤为深刻，使全县复盖了一层厚厚的火山岩系。第四纪新构造运动的差异升降使本县的地势由东北向西南渐次变高，加上岩石坚硬难以侵蚀，致使西南地势更加高峻雄伟。由于地壳抬升，河流切割，境内地形复杂，地形破碎，高低悬殊，河谷、丘陵、低中山兼而有之。其中以中低山为主，多狭谷和山涧小盆地为其特征。

二、成土母岩和母质

成土母质性质上的差异，往往被土壤继承下来，不同母质类型的土壤，其特征和生产性能匀有区别。云和县母岩的分布具有一定的规律性。从南面安溪乡河降背至北面金村乡麻地坑山顶的断面线，全长 33. 2km，海拔 200m 以下，分布着白垩纪沉积岩。以红砂砾岩及钙质砂岩为主，200～800m，分布着燕山运动晚期侵入岩，以粗晶、细晶花岗岩及花岗斑岩为主，少量为白垩纪角砾凝灰岩、粗面岩。海拔800m以上，分布着侏罗纪凝灰岩。由于母岩类型及所处的地形部位不同，土壤的质地、土层厚度、养分含量等理化性状，都具有明显的差异（表2－1，表2－2）。

表2-1　不同母岩风化土壤质地比较表

母岩类型	土壤类别	层次代号	样品数（个）	>0.01物理性砂粒	<0.01物理性黏粒	<0.001	砂黏比	土壤质地名称
凝灰岩	黄泥土	A	3	49.1	50.9	23.84	1.15	重石质重土壤
		(B)	3	40.86	59.14	50.45	0.59	重石质重土壤
花岗岩	砂黏质红土	A	3	41.75	58.25	35.26	0.92	重石质重土壤
		(B)	2	39.75	64.95	43.79	0.66	重石质轻黏土
红砂砾岩	红砂土	A		47.4	52.6	30.6	1.09	重石质土
		(B)						重石质量壤土
安山玄武岩	棕黏土	A	2	41.44	58.56	29.05	0.71	重石质重壤土
		B	2	37.75	62.25	38.1	0.54	轻石质轻黏土
凝灰岩	山地黄泥土	A	3	48.55	51.45	21.25	1.56	重石质重壤土
		(B)	3	46.6	53.4	22.49	1.34	重石质重壤土
			3	35.87	64.13	26.48	0.79	重石质轻黏土

表 2-2　不同母岩风化土层深度比较表

母岩类型	土壤类型	全土层厚度				其中							
						A层				B层			
		N	$\overline{X}$	S	cV/%	N	$\overline{X}$	S	cV/%	N	$\overline{X}$	S	cV/%
凝灰岩	黄泥土	66	75.3	23.88	31.79	66	17.92	4.96	27.7	66	56.56	21.93	38.77
花岗岩	砂黏质红土	49	86.48	27.23	31.48	47	20.87	4.99	20.2	49	65.79	27.16	41.28
红砂砾岩	红砂土	7	69.28	19.7	28.46	7	20.14	6.04	29.98	7	49.14	21.27	43.29
安山玄武岩	棕黏土	2	120	28.2	23.57	2	17.5	6.36	36.36	2	102.5	34.64	33.8
凝灰岩	山地黄泥土	31	69.67	22.3	32.02	31	21.58	4.41	20.41	31	48.35	22.19	45.91

以基、中性岩风化发育的土壤质地黏重，土层深厚，花岗岩风化发育的土壤质地较粗。安山岩发育的土壤B层全磷含量为0.055%，花岗岩发育的砂黏质红土（B）层全磷含量为0.01%。同一母岩处在不同的地形部位，受到不同的生物气候影响，土壤养分含量亦有差别，尤其是土壤有机质的含量差异比较明显。例如侏罗纪凝灰岩风化发育的土壤，处在750～800m以上的山地黄泥土，受低温多雨的影响，有机质积累多，分解少，其含量比低海拔的黄泥土显著增加（表2-3）。

表2-3　不同母岩风化发育土壤养分含量比较表

母岩类型	土壤类型	层次代号	典型样品数（个）	有机质%	全氮%	全磷%	pH值
凝灰岩	黄泥土	A	3	2.08	0.072	0.014	5.4
		(B)	3	0.86	0.041	0.009	5.8
花岗岩	砂黏质红土	A	3	3.89	0.111	0.014	5.6
		(B)	3	0.73	0.042	0.01	6.1
红砂砾岩	红砂土	A		1.52	0.065	0.021	4.6
		(B)		0.54	0.051	0.02	4.5
安山玄武岩	棕黏土	A	2	3.703	0.129	0.049	6.0
		B	2	0.776	0.037	0.055	6.2
凝灰岩	山地黄泥土	A	3	7.25	0.305	0.143	5.9
		A	3	5.58	0.161	0.007	5.5
		(B)	3	1.26	0.089	0.007	6.0

不同母岩类型风化发育的土壤，机械组成也有差别。

1. 侏罗纪酸性火山喷出岩

云和县主要有凝灰岩、晶屑、玻屑凝灰岩、流纹质熔结凝灰岩等，属侏罗纪上统磨石山组形成，分为四段，即$J_3^a-J_3^d$，其中a、b两段分布最广，是构成中、低山地的主体，总面积为680km²，占全县总面积的69.3%。风化发育的土壤质地比较匀细，全土层厚度75.3±23.88cm，由于岩石本身矿物组成有别及风化度强弱不同，发育成黄泥土、黄泥砂土及黄砾泥土种。土体中粗粉砂与黏粒含量大致相当，A层各占22%，（B）层分别为22%及30%。平均粒径A层6.22，（B）层6.8；分选系数为3.9，分选性很差；偏态系数A层0.03，近对称，（B）层-0.24，负偏态（图2-1）。

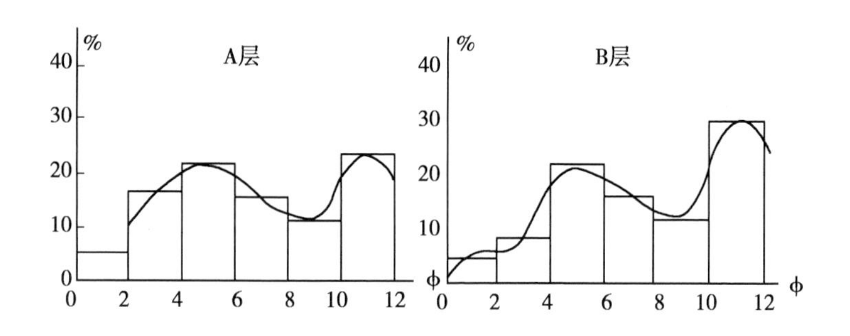

图2-1　凝灰岩风化的土壤粒度直方图和频率曲线

2. 侏罗纪燕山晚期侵入岩

主要有中—细粒二长花岗岩、中粒花岗岩、微—细粒斑状花岗岩等，分布在龙门乡大牛一带，南部务溪、安溪、云坛乡部分地方，西南部梅源栗溪等高丘及低山地带，总面积为208km²，占全县面积21.51%岩石中含钾量较高为4.16%～4.76%。易遭物理性崩解，其风化发育的土壤，含粗砂及黏粒较高，故称之为砂黏质红土，土体中由于石英砂较多，结持性差，黏粒易受冲刷，留下大量石英砂称为白岩砂土。一般土层较深，全土层平均为 86.48 ± 27.23cm。呈酸性反应 pH 值为 5.6。平均粒径 A 层 6.53，（B）层 6.3；分选系数 A 层 4.43，（B）层 3.99；偏态系数 A 层 -0.5，（B）层为 -0.2，负偏态（图 2-2）。

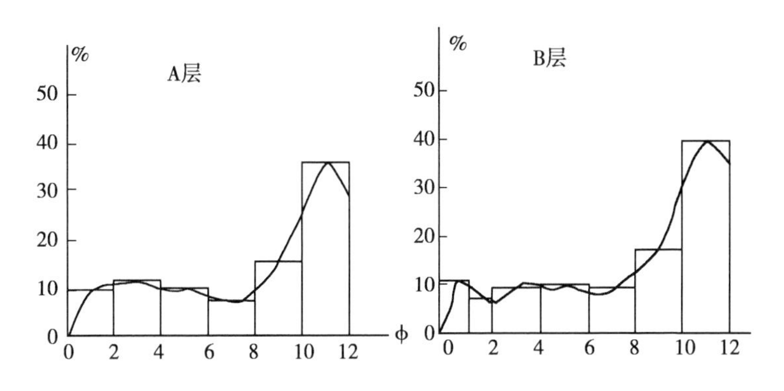

图 2-2　花岗岩风化土壤粒级直方图和频率曲线

3. 白垩纪沉积岩

下统头组（k1g）在县城附近小块出露；朝川组（k1C）在盆地内侧及赤石、双港等地有分布，总面积 45km²，占全县总面积 4.5% 岩性多数为非石灰性的砂砾岩，少量为紫红色钙质细砂岩。岩石组织脆松、易风化、易被雨水冲刷，发育的土壤结持性差，土体中含有大量岩屑，养份含量低，土层浅薄，全土层平均为 69.28cm，表层土壤多为重石质土（图 2-3）。

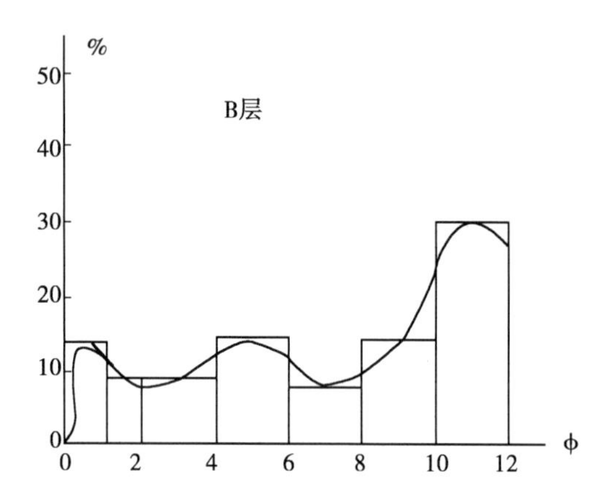

图 2－3　红砂砾岩风化土壤粒级直方图和频率曲线

4. 基中性岩

以安山岩、安山玄武岩等基中性岩类风化的土壤母质，征梅垄水库内侧、东塘、赤石垟田等地少量零星分布，大部为残积物，土层深厚，矿质养分比较丰富、含全磷量 0.055%；土质黏，10～12φ 黏粒含量 38%，pH 值 5.6～6.9，平均粒径 A 层 7.37，B 层 7.66；分选系数 A 层 3.52，B 层 3.66，分选性很差，偏态系数 A 层 －0.34，B 层 －0.45，极负偏（图 2－4）。

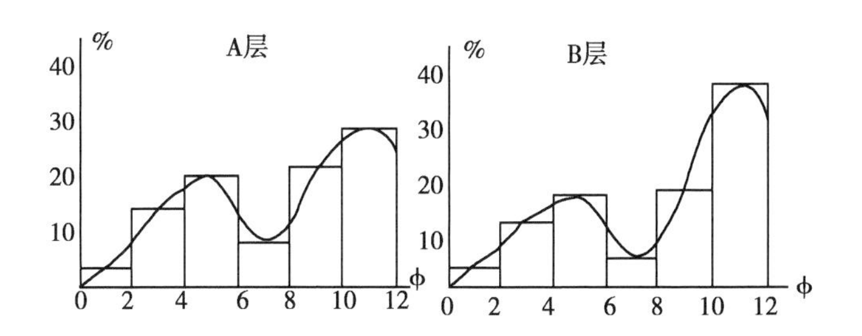

图 2－4　安山玄武岩风化土壤粒级直方图和频率曲线

5. 第四纪沉积物

松散的第四纪沉积物，主要分布在云和盆地和山谷、河谷阶地上。根据成土时间不同，可分为中更新世沉积物和近代沉积物两类。

（1）中更新世沉积物

为 Q2 红土系中更新世的洪水泛滥沉积物，覆盖于白垩纪地层之上。分布高程在 200m 以下，高阶地多数已被冲刷，露出白垩纪地层，故而，似乎与自垩纪沉积岩交错分布。在小徐乡黄水碓、东塘和云和镇垟畈等老河漫滩阶地上保留较大面积。象山、县农场、贵溪靠近山边大部被侵蚀，尚留有痕迹、土层深厚、风化程度高、质地黏重。

（2）近代沉积物

根据沉积的地形部位不同，可分为冲积、洪积、坡积、崩塌堆积和残积物。

冲积物：主要分布在大溪的弯曲地段，如赤石、小顺、双港及云和盆地浮云溪沿岸，地势比较平坦，全县复盖面积 12.49km^2。表土层与心土层土壤以细砂与粗粉砂为主。平均粒度 A 层5.6，W 层5.9；分选系数 A 层3.9，W 层3.75，分选性差；偏态系数A层0.29，W层0.38，呈正偏态；A层峰值0.8，W层峰值0.73，峰度宽平。

洪积物：由于山涧洪水搬运，源短流急，不时暴涨暴落，搬运力大，在下游溪坑两岸或出口平缓地带，沉积成洪积扇或洪积裙，颗粒粗细分布随洪积扇大小而别，一般谷口粗到边缘则细，土体上层细，下层粗，砂、砾、泥夹杂，层理性差。全县复盖面积17.02km^2。分布在长田、高胥、后山、云坛、安溪等地。表层土壤以细砂及粗粉砂为主，W层细砂占绝对优势。平均粒度A层5.8，W层5.3；分选系数A层3.72，W层3.97，分选性很差，正偏态，峰态宽平。

坡积物：在云和县分布甚广，分布在山腰或山麓平缓地带，由重力作用或水的片流作用堆积而成，土体中多带棱角的岩石碎屑，一般只有不明显的倾斜层理，是本县主要的土壤母质类型。

崩塌堆积物：主要在山地的陡坡或陡岩上的风化物，下层为坚硬岩石。由于重力作用成片滑落下来，或悬崖上脱落下来，堆积于悬崖脚，与悬崖成平行分布。以岩石碎屑为主，岩石大小相差很大，多棱角，完全没有成理，与坡积物有明显区别，往往成为黄泥砂土或石砂土。

残积物：分布在山坡的上部或顶部，未经外力搬运迁移而残留在原地的风化物，一般底部接近基岩特征，向表面逐渐过渡为土壤层。

三、气候

充足的热量条件，加速了原生矿物的物理风化和生物风化。促进了土壤的发育和有机质的矿化。根据不同地貌类型和海拔高度，土壤诊断层的发育度，随海拔高度的升高，气温逐渐下降，而土壤黏粒含量渐次减小，粉砂黏粒比逐渐增加；有机质的含量随海拔高度的升高而增加，而有机质的分解，却随海拔高度的升高而逐渐减慢（表2－4）。

表 2–4　云和县不同地貌海拔高度土壤粒级比值

地貌类型	海拔高度（m）	样品数（个）	粉砂黏粒含量%				粉砂黏粒比	碳氮比		
			0.05~0.01mm	0.01~0.005mm	0.005~0.001mm	<0.001mm		有机质%	全氮%	碳氮比%
低丘盆地	250以下	9	16.86	9.34	15.76	29.05	0.58	0.657	0.046	8.898
高丘	250~500	7	9.97	9.1	16.06	39.84	0.34	0.934	0.046	11.776
低山	500~800	4	16.09	13.96	18.2	28.23	0.64	1.08	0.47	13.32
中低山	800~1 000	5	14.69	14.07	19.1	23.94	0.67	1.42	0.07	11.76
中山	1 000 m以上	3	20.55	11.96	19.58	21.03	0.80	1.63		

气温的变化对土地生产力影响很大，我县在海拔350m以下，分布着洪、冲积水稻土及黄泥砂田等。一年中≥10℃的天数为251天，有效积温5 500℃左右，适宜双季稻及一年三熟制栽培。海拔350～600m，分布着黄泥田、白砂田、黄泥砂田、砂性黄泥田等水稻土，全年有效积温4 500℃左右，为一年两熟制地带。海拔在600～1 000m，分布着黄泥田、山地黄泥田、砂性黄泥田、山地砂性黄泥田等水稻土，全年有效积温为3 500℃以下，为单季稻区，土地生产力较低。

降雨量随着海拔升高而递增，每升高100m，降水量大致增加27.6mm。随着海拔升至750～800m以上，各发生层的烧失水逐渐增加，致使土壤中游离氧化铁发生水化，而成水化氧化铁（黄色），尤以淀积层黄色最为鲜明，而形成黄壤。充沛的降雨量，有利于促进土壤的化学风化，使土壤的盐基物质大量淋失，全县土壤阳离子交换量只有3.45～9.62cmol/100g，可见土壤盐基养分之贫乏，也使土壤逐渐向酸性演变，全县土壤pH值为4.5～6.5。土壤向酸性发展，又进一步促进土壤的化学风化和盐基的淋失。总之，充沛的雨量有利于土壤的发生和发育。

四、水系

云和县降水充沛，水域广阔，水量多，对土壤形成和发育产生强烈影响。

境内水分运转可分为土壤表面径流，蒸发及渗透。在平坦的地段降水进入土壤比较均匀，较陡地段易引起水土流失。地下水是土壤水分补给来源一个方面，尤其是水稻土地下水升降，出现频繁干湿交替和氧化还原作用。地下水位过高也能直接影响作物根系生长。

第三纪末期以来的地壳运动，强烈影响着云和县地貌轮廓。境内切割严重、地表破碎，土壤类型随之发生变化。

河流的增减，冲刷、搬运、堆积等，无不给予各种成土母质深刻的影响。水系比较大，水流急，造成河水类带沉积物在不同环境中，形成河流两岸土壤的多种类型和复杂性，水系对成土有着深刻影响。

五、土壤分布

各类土壤的形成和发育，都受到地形、气候、母质、植被、时间及人类的生产活动等因素所制约。因为成土因素在空间上的分布具有规律性，所以，土壤组合和它的利用特点，也具有一定的规律性。

（一）云和盆地土壤分布规律

云和盆地自外围向内，因成土母质及成土年龄不同，随着地势变低，有规则地分布着不同的土壤。盆地底部主要为近代沉积物所复盖，由于人类生产活动，盆地土壤大多已开辟成耕地。大致分布：盆地外围为古老岩层，风化物经短距离搬运，沉积在盆地边缘，发育成黄泥砂田，盆地内层边缘分布着红砂岩风化的红砂土、红砂田及少量黄筋泥土，盆地中心为近代河流沉积物。老黄筋泥田分布在高阶地，出现部位在山脚边红砂岩前缘，云和镇蝉畈老黄筋泥田有河流切割的相对抬升现象，漂洗作用很明显。泥砂田夯布在盆地中心浮云溪两岸，由于源短流急，其上、下游相距甚近，土壤质地无明显差异。盆地中心至盆地边缘，土壤质地由粗渐细，边缘受山地土壤坡积影响质地又渐变粗（表2－5）。

表 2－5　盆地中心至边缘各土种表层土壤机械组成比较表

土种名称	机械组成%						质地名称	备注
	>1	1～0.05 mm	0.05～0.01mm	0.01～0.001mm	0.001 mm	砂黏比		
泥砂土	4.04	51.1	23.5	14.5	10.9	4.688	轻石质轻壤土	盆地中心
溪滩砂田	9.7	61.22	9.39	13.47	15.92	3.825	中石质轻壤土	↓
泥砂田	2.0	34.96	29.0	19.68	16.36	2.130	轻石质中壤土	
棕泥砂田	0.43	28.3	25.0	27.6	19.1	1.480	非石质重壤土	
黄泥砂田	6.22	29.6	29.7	28.0	12.7	2.33	中石质中壤土	
黄泥粗砂田	14.3	44.88	17.62	19.7	17.8	2.52	重石质中壤土	盆地边缘

从表 2－5 说明盆地的土壤，其黏粒含量随着离溪流距离而增加，且是呈规律性变化，砂黏比由大变小。这种变化反映了盆地中部土壤由于经常受溪流影响，土壤发育年龄上比较年轻的特点。

山溪出口处土壤分布：盆地四周边缘有多条山坑水汇入于浮云溪，由于溪坑洪水搬运，在盆地边缘出口开阔地，沉积了大量泥砂，形成洪积扇，前缘与浮云溪冲积土壤相衔接，这些洪积物母质发育的土壤与冲积母质上发育的土壤有明显的区别。其土壤分布一般由洪积扇中心向外围，砾石含量渐少，土层厚度逐渐增加，土壤质地由粗渐细，透水性渐差，保肥性渐好，但外围一般易积水，地下水位高，排水条件差，容易淹水。一般土壤分布由中心向外围发展为谷口砾坤泥砂田—谷口砾心泥砂田—谷口泥砂田。如沙溪乡长田畈总面积为1 400余亩，在务溪出口处（内建务溪水库）形成洪积扇，较粗的砂、砾石沉积于洪积扇中心，因此地势较高，在表层20cm以下出现卵石，成为谷口砾坤泥砂田，表层粘粒含量较低占27.9%，漏水漏肥严重。洪积扇边缘地势渐降，较细泥砂向边缘沉积，因此，土层较深，黏粒含量增加到28%～44%，形成谷口砾心泥砂田；由于沉积的部位不同，其土层深度及粒级组成都有所差别（表2－6）。

表2－6　山溪出口处不同部位土壤粒级组成

土种名称	地形部位	层次代号	采样深度 cm	机械组成%					砂黏比	质地名称
				>1 mm	1～0.05 mm	0.05～0.01mm	0.01～0.001mm	<0.001 mm		
谷口砾岬泥砂田	洪积扇中心	A	0－14	7.68	55.51	16.53	15.0	12.95	4.29	中石质轻壤土
		P	14－18	10.49	49.7	22.32	14.1	13.89	3.58	重石质轻壤土
谷口砾心泥砂田	洪积扇边缘	A	0－16	5.3	54.53	17.22	17.22	11.14	4.88	中石质轻壤土
		P	16－20	7.86	47.21	19.29	19.29	14.21	3.32	中石质中壤土
		W	26－45	4.92	35.11	20.595	24.72	19.569	1.79	轻石质中壤土
谷口砾心泥砂田	洪积扇前缘	A	0－17	5.53	39.37	24.13	22.15	14.35	2.74	中石质中壤土
		P	17－22	6.36	43.78	18.35	23.21	14.66	2.98	中石质中壤土
		W	22－45	7.52	39.1	20.4	19.70	20.80	1.87	中石质中壤土

盆地边缘垄田土壤分布：盆地四周为古老岩层，山峦起伏，层层重叠，构成了大大小小的不同山垄谷地，其特点是狭窄，

坡度陡峭，垄内田块很小，呈阶梯状分布，土壤质地往往显粗骨性。

山垄田土壤的形成和山上岩石有直接关系，山地岩石风化后经过水力和重力的搬运作用，向低坡和垄底积聚，再经一定时间的成土作用，形成现在开垦利用的水田，所以山垄田的土壤母质以坡积物占绝大多数。

盆地周围的山垄田土壤，受到两种主要岩石的影响，即花岗岩与凝灰岩。

当山上的岩石为花岗岩时，岩石中含有较多的石英，石英砂粒较难风化，在土壤中剩留下来，形成黄泥砂土或砂黏质红土，坡积到山垄发展成相应质地的水稻土，这些水田土壤一般质地疏松，含石英砂量较高，透水性好，漏水漏肥，水稻生长表现早发易衰。

当山上岩石为凝灰岩时，风化发育的土壤一般质地匀细，带有黏性，往往形成黄泥土，粉红泥土或山地黄泥土，这些土壤坡积到山垄，就发展成相应的另一类型的水稻土。这些水稻土土壤，一般保肥保水力强，透水性差，由于质地黏细，对水稻生长往往表现迟发，分蘖力少。但不尽如此，特别是水稻土。人类长期在有水条件上进行耕作，土壤受水的活动影响较大。所以，水就成为水稻土分类的决定因素。母岩的影响就退居次要位置。这是在水稻土中常见的现象。

小山垄田土壤分部简单，土种单一。如沙溪乡后山大队重河湾，垄深不到一里，垄宽不到 30m，面积 10 亩左右，从垄底到垄口，由垄心到山边，分布着同一土种，均属黄泥砂田，只是在砂粒粗细和含量的多少上稍有差异。垄口因紧接浮云溪，是冲积的砾心泥砂田。重河湾两边山地均属凝灰岩上形成的黄泥土，堆积在山麓或山垄的黄泥土再积物，开垦为水田，经长时间发育，可成为潴育型水稻土。

长田大队坝头的山垄，面积稍大，约有80余亩，山垄南面粗晶花岗岩风化的砂黏质红土，北面是红砂砾岩风化的红砂土，两种不同土壤经冲刷搬运到垄内，均发育为黄泥砂田，与重河湾凝灰岩风化物上发育的水稻土相似，没有很大的差别。

再如三门大队的东山垄、官山岗垄、两山垄、大路背垄等几处的山垄田，其土壤同是由花岗岩风化的砂粘质红土和白岩砂土发育而来，母质相同。而是官山岗及其东边相邻的山垄，由于地势较陡，形成白砂田，而西山垄和东山垄地势较平坦，则形成黄泥砂田，同一个土壤母岩可形成两个不同亚类的水稻土。

（二）土壤垂直分布规律

云和县土壤分布除盆地水平分布，具有一定规律性以外，以大溪为界，把全县土壤分割为对称的两大部分，其分布类型因土壤母质有所差异外，大致相同。从低海拔到高海拔，随地势升高，受垂直生物气候的深刻影响，由潮土、红壤逐渐向黄壤过渡，明显地呈现了土壤垂直分布规律。

云和盆地以南，从浮云溪（海拔130m）至东岱外村（海拔1 022m），全长9km，其土壤分布大体是：在180m以下分布着近代冲积物为主，穿插少量白垩纪沉积岩风化发育的土壤。在300m左右的山涧谷地分布着洪积物发育的土壤，至750m以下，分布着黄红壤，如砂黏质红土、石砂土、白岩砂土及自砂田等。700m以上则逐渐过渡为黄壤及山地草甸土，盆地以南土壤共同特点是以花岗岩风化的母质为主，土体中含有不同程度的石英砂，结持性差，易受冲刷，土层比较深厚，有利于开发利用。

但要注意水土保持，避免冲刷。

大溪以北土壤分布以凝灰岩风化母质为主。由于母岩不同，而形成另一支土壤垂直分布带，如砂性黄泥田、黄泥土及石砂土。其共同特点是质地比较匀细，石英含量少，带有黏性，土体中夹杂少量母岩碎屑，由于地势陡峭，水土冲刷严重，石砂土面积分布较广。

山地土壤的垂直分布规律在水稻土中也存在。我县山区西南部新构造运动中，地壳抬升比较强烈，上升幅度较大，并有伴随着相对的上升缓慢阶段，经外力作用强烈剥蚀为夷平面，使山地变为比较平坦的地段，后经人类的生产活动开垦为现在的水田或旱地。这些水稻土既受到山地母岩风化坡积的影响，又受到地表水和地下水长期交替活动的影响，形成的水稻土与一般山垄梯田的水稻土是有所区别的。

云和县山区从总体上看，大致有三个夷平面，分布在700m、1 000m和1 500m左右，分布在不同海拔高度夷平面上的水稻土有以下特点：面积都在数十亩以上，大的有500～600亩；一般都分布在大村庄所在地；其土壤类型比较多样。例如云峰乡后蝉村，海拔高度为920～970m，分布着500余亩水田，其西南、东南、北面三面为海拔1 000m的山峰，中间垄底为比较平坦的畈田。其土壤类型分布：中心靠村边地势低洼长年积水（包括人为因素浸冬），土体糊烂为青灰色的烂灰田，外围地势稍高，由山地土壤坡积下来发育的水稻土，有地下水和地表水的交替活动，潴育化明显，为山地黄泥砂田，靠山边陡坡上的梯田，由山地黄泥土发育为山地砂性黄泥田，其心、底土基本上保持山地母岩风化的特征。

第二节　耕地利用现状

一、水田土壤利用现状

云和县水田总面积为5.96万亩。主要耕作制度有蚕豌豆－水稻、长豇豆－水稻、春大豆－水稻，部分农田种植柑橘、葡萄等经济作物。近年来，各级政府加大了粮油生产的优惠政策，使云和县粮食和蔬菜生产保持稳定。

二、旱地土壤利用现状

云和县旱地总面积为0.39万亩。主要种植大豆、玉米、蕃薯、马铃薯等粮食作物。高山蔬菜作为短平快的农业项目，近几年价格一直保持稳中有升，加上受柑橘难卖等因素的影响，农户优化产业结构的积极性、主动性进一步增强。

第三节　土壤类型与主要生产特性

云和县土壤类型多样，主要有红壤、黄壤、岩性土、潮土、水稻土等5个土类、11个亚类、33个土属、61个土种，具体见表2－7。理化性状和生产性能分述如下。

一、红壤土类（代号1）

红壤土类是云和县的主要土壤类型，广泛分布于800m以下的低山丘陵区和中低山区的下部，总面积896 177亩，占全县土壤总面积的62.1%，占全县山地土壤面积的70.9%，母质为凝灰岩、花岗岩等酸性岩浆岩的风化体，它是在温热气候条件下，遭受深度风化的地带性土壤。云和县的红壤主要特征：母质中铝硅酸盐的原生矿物，经过连续和较彻底的风化，在强淋溶作用下，盐基离子大量流失，而铝、铁氧化物及水化物显示相对积聚，颜色以红为主，形成了具有A（B）C型发生剖面形态，酸性反应，pH值为4.5～6.0，质地较黏重，重壤至轻黏土为主，土壤养分含量较低，但因地形，母质类型风化度的不同而有差异。本土类划分为红壤，黄红壤，侵蚀型红壤3个亚类。

表2－7 云和县第二次土壤普查分类系统

土类	亚类	土属	土种
1 红壤	11 红壤亚类	111 黄筋泥土属	111－1 黄筋泥土属
		114 红泥土土属	114－1 红泥土土种
		115 红黏土土属	115－1 红黏土土种
	12 黄红壤亚类	122 黄泥土土属	122－1 黄泥土土种
			122－2 黄泥砂土土种
			122－3 黄砾泥土种
		124 砂黏质红土土属	124－砂黏质红土土中
		125 粉红泥土土属	125－1 粉红泥土土种
			125－2 紫粉泥土土种
		126 红砂土土属	126－1 红砂土土种
			126－2 砾石红砂土土种
	13 侵蚀型红壤亚类	131 石砂土土属	131－1 石沙土土种
		132 白岩砂土土属	132－1 白岩砂土土种

（续表）

土类	亚类	土属	土种
2 黄壤土	21 黄壤亚类	211 山地黄泥土土属	211－1 山地黄泥土土种 211－2 山地砾石黄泥土土种 211－3 山地香灰土土种
		212 山地黄泥砂土土属	212－1 山地黄泥砂土土种 212－2 山地砾石黄泥砂土土种
	22 侵蚀型黄壤亚类	221 山地石砂土土属	221－1 山地石砂土土种 221－2 山地石坪香灰土土种 221－3 山地白砂土土种
3 岩性土土类	31 钙质紫色土亚类	312 红紫砂土土属	312－2 红紫泥土土种
	33 玄武岩幼岩土亚类	331 棕黏土土属	331－1 棕黏土土种
51 潮土土类	51 潮土亚类	511 洪积泥砂土土属	
		512 清水砂土属	512－1 清水砂
		513 培泥砂土土属	513－1 培砂土土种 513－2 培泥砂土土种
7 水稻土土类	71 渗育型水稻土亚类	711 山地黄泥田土土属	711－1 山地黄泥田土土种 711－2 山地砾性黄泥田 711－3 山地石坪黄泥田土土种
		712 黄泥田土土属	712－1 黄泥田土土种 712－2 砾性黄泥田土土种 712－3 砾坪黄泥田土土种 712－4 粉红泥田土土种
		713 白砂田土土属	713－1 白砂田土土种
		714 红泥田土土属	714－1 红泥田土土种 714－2 棕黏田土土种
		716 新黄筋泥田土土属	
		717 红砂田土土属	

（续表）

土类	亚类	土属	土种
71 水稻土土类	72 潴育型水稻土亚类	721 洪积泥砂田土土属	721－1 峡谷泥砂田土土种
			721－2 峡谷砾坪泥砂田土土种
			712－3 峡谷砾心泥砂田土土种
			712－4 谷口泥砂田土土种
			721－5 谷口砾坪泥砂田土土种
			721－6 谷口砾心泥砂田土土种
		722 黄泥砂田土土属	722－1 黄泥砂田土土种
			722－2 黄泥粗砂田土土种
		723 泥田砂土属	723－1 泥砂田土土种
			723－2 砾坪泥砂田土土种
			723－4 溪滩砾田土土种
		72（14）山地黄泥砂田土土属	72（14）－1 山地黄泥砂田土土种
		72（15）老黄筋泥田土土属	72（15）老黄筋泥田土土种
		72（17）紫红泥砾田土土属	72（17）－2 红泥砾田土土种
			72（17）－3 棕泥砾田土土种
		725 培泥砂田土土属	725－1 培泥砂田土土种
			725－2 培砂田土土种
	74 潜育型水稻土亚类	741 烂灰田土土属	741－1 烂灰田土土种
		742 烂滃田土土属	742－1 烂滃田土土种
			742－2 烂黄泥砾田土土种
		743 烂泥田土土属	743－2 烂泥砂田土土种

（一）红壤亚类（代号 11）

云和县只有小量分布于盆地两侧和低山的残丘，红壤化作用强烈，土层较厚，（B）层发育好，土色以红和红黄色为主，pH 值为 4.5～5.5，黏粒含量高，砂/黏，粉砂/黏粒值均小于 1，具有红、酸、黏主要特征的典型红壤，全县共有面积 4 896 亩，占红壤土类总面积的 0.5%，根据不同母质类型，分为黄筋泥，红泥土，红黏土 3 个土属。

1. 黄筋泥土属（土种）（代号 111－1）

母质为第四纪红土，零星分布于白垟墩村南侧的低丘上，共有面积 38 亩，其土种为黄筋泥。土体构型 A（B）C 型，块状至大块状结构，表土微团聚体发育，土壤质地表土层为重壤土，心土层为中壤土，土色为淡灰黄色，底层有红白网纹，砾石受强度风化，有深度的风化圈，pH 值为 5.4～5.7。

该土土层深厚，达 1m 以上，质地较黏，A 层黏粒含量达 25%以上，适宜发展耐酸性经济特产。目前，零星种植油茶，其土壤养分贫乏，在发展经济特产中，要注意增施有机质肥料，宜套种旱地绿肥，培肥地力。

2. 红泥土土属（代号 114）

母质为安山质凝灰岩的风化物，分布于 400m 左右的丘陵低山区，共有面积 4 726亩，占红壤土类面积的 0.05%。红壤化作用较深，（B）层较发育，土色红或棕红色，土层深厚，一般在 60cm 以上，pH 值为 5.2～5.6，质地重壤至轻黏，微团聚体发育，块状结构，不含或少含石英砂，具有红、黏，酸、厚等特点本土属只有红泥土一个土种。

红泥土土种（代号 114—1）分布在龙门乡油坑村及大源乡一带，占红壤亚类面积的 0.65%，母质位安山质凝灰岩的风化物，土体构型为 A（B）C 型，质地为轻石质轻黏土，土色棕红色，表土层小块状结构，心底土为块状结构，pH 值为 5.2～6.1，有机质含量 2.75%，全氮 0.033%，速效磷 10mg/kg，速效钾 133mg/kg。

该土土层深厚，分布地势较平缓，自然条件较好，可因地制宜发展经济特产，目前主要为松木、油茶及茶叶、柑橘，应注意水土保持，提倡间作旱地绿肥。

3. 红黏土土属（代号115）

分布于沙溪乡梅垄水库内侧、母质为安山岩风化物，红壤化作用强，（B）层较发育，土体深厚，质地重壤至轻黏土，土色鲜红或暗棕红，微团聚体发育，具有红、酸、黏的特点。主要土种有红黏土。

红黏土土种（代号115－1）分布于云和县沙溪乡梅垄水库内侧，面积132亩，占红壤亚类面积的0.27%，母质为安山岩风化物，土体为质地均一的红色黏土，含小量砂、砾，土层深厚，达150cm以上，（B）层较发育，诊断层（B）层为非石质轻黏土。由于植被的破坏，表土层受强度冲刷，侵蚀严重，pH值为6.2～6.4。

该土土层深厚，由于植被破坏，A层受冲刷。目前，只生长一些杂草，土壤吸机质含量低，（B）层含有机质0.88%，全氮0.039%，全磷0.062%。该土宜发展松树、毛竹。

（二）黄红壤亚类（代号12）

黄红壤亚类广泛分布于云和县海拔750m以下的低山丘陵。母质为紫色凝灰岩和花岗岩的风化体，是红壤向黄壤过渡类型，与红壤亚类呈交错分布。其特点红壤化作用较弱，（B）层发育度较差，土体呈黄红或黄棕色，原生矿物风化不彻底，土体A（B）C构型。全县共有面积619 869亩，占红壤土类面积的69.1%，占全县土壤面积的42.9%。主要土属有黄泥土，砂黏质红土，粉红泥土，红砂土。

1. 黄泥土土属（代号122）

广泛分布于我县丘陵低山区，共有面积482 598亩，占红壤土类面积的53.8%，占全县山地土壤面积的38.2%。母质为凝灰岩的风化物，红壤化作用较弱，大部分发育层次分化明显。

部分土体中母岩碎屑夹杂，其中：黄砾泥土种砾石含量高，达40%左右，以重石质土为主。其次是黄泥砂土，含粗砂明显，为重石质中壤土，黄泥土则含粗粉砂、黏粒较高，以中石质重壤土为主。全土层 50 ~ 80cm、A 层有机质含量 1.32% ~ 5.81%、全氮 0.033% ~0.104%、全磷 0.003% ~0.01%。pH 值为 5.0 ~5.8，其主要土种为黄泥土，黄泥砂土，黄砾泥。

（1）黄泥土土种（代号 122 -1）

广泛分布于全县各乡，共有面积 237 146亩，占红壤土类面积的 26.5%，占全县山地土壤面积的 18.7%，是云和县分布面积最大的土种之一。

母质为凝灰岩的风化物，土体 A（B）C 构型，土色呈灰黄或橙黄色，A 层小块状结构，（B）层块状结构，A 层质地为中石质中壤土，诊断层（B）层轻石质轻黏土。土层深厚，表土层厚度平均 16.66 ±4.96cm，全土层厚度平均 71.04 ±19.8cm，pH 值为 5.0 ~6.0。有机质含量（3.18 ±1.65)%，全氮（0.117 ± 0.068)%，速效磷（5.32 ±4.546）mg/kg，速效钾（189.42 ± 73.35）mg/kg。

该土土层较厚，分布面积广，是云和县重要的林业用地和发展经济特产的主要基地。目前，主要植被为松、杉、灌木，其次是毛竹、茶叶、柑橘等经济特产，植被生长良好。粮食作物适宜种植麦，马铃薯、蕃薯。要因地制宜利用该土深厚，养分含量中等和自然条件较好的优点，重点发展用材林和其他经济作物。宜做好封山育林保土工作。

（2）黄泥砂土土种（代号 122 -2）

广泛分布于全县各乡，共有面积 169 874亩，占红壤亚类面积的 27.4%，占全县山地土壤面积的 13.4%。

母质为晶屑凝灰岩或细晶花岗岩的风化物。土体中含石英砂显著，土壤疏松，土体 A（B）C 构型，土色浅灰或浅黄色，质地 A 层重石质中壤土至中石质中壤土，诊断层（B）层为中石质中壤土，由于分布部位高、坡度较陡，土壤侵蚀严重。表土层平均厚度（19.03 ±3.28）cm，全土层厚度平均（62.55 ±19.78）cm，pH 值为 5.8。有机质含量（2.56 ±0.52）%，全氮（0.095 ±0.019）%，速效钾（144.67 ±84.3）mg/kg，速效磷（4.52 ±3.91）mg/kg。

目前主要植被为松木，由于土体疏松，通气性好，有利于植物根系伸展，适宜种植经济作物。但由于土体石英砂含量高，结持性差，易受冲刷，要加强封山育林，防止水土流失。

（3）黄砾泥土种（代号 122 -3）

分布于云和县赤石、局村、双港、朱村、梅源等乡，共有面积 75 578亩，占红壤土类面积的 8.4%，占全县山地土壤面积的 6%。

母质为凝灰岩风化的残、坡积物，土体中砾石含量较高，土体 A（B）C 构型，土体大于 1cm 石砾含量高，其含砾石达 30% 以上。植被生长差，质地以重石质土为主，诊断层（B）层为重石质土，表土层平均厚度为（16.65 ±2.85）cm，全土层平均厚度（67.34 ±23.1）cm，pH 值为 5.8 ~6.2。有机质含量（3.35 ±0.95）%，全氮（0.115 ±0.032）%，速效磷（4.75 ±4.133）mg/kg，速效钾（143.75 ±77.336）mg/kg。

该土土层较厚，土壤疏松，通气性较好。目前主要植被为松、灌木及毛竹，个别土层深厚的地段植物生长较好，但因坡度较陡，土体砾石含量高，土壤易受冲刷，侵蚀，应注意水土保持，防止流失。

2. 砂黏质红土土属（代号124）

分布于云和县高丘，低山地带，共有面积103 565亩，占红壤土类面积的11.6%，占全县山地土壤面积的8.2%，母质为粗晶花岗岩，花岗斑岩的风化物，土层厚薄不一，风化体中含石英砂高，易受冲刷，土壤呈橙黄色，酸性反应，土种主要有砂黏质红土。

砂黏质红土土种（代号124－1）分布于云和县梅源、沙溪、温溪，务溪、赤石、小顺、云坛等乡，共有面积103 565亩，占黄红壤亚类面积的16.7%，母质为粗晶花岗岩，花岗斑岩的风化物，土体中含粗粒石英砂明显，发育好的砂中带黏，呈红色；发育差的，受冲刷严重，砂粒含量高，结构松散，土体呈黄色。该土土层深厚，有利于作物根系生长，表土层平均厚度（20.82±4.9）cm，全土层平均厚度（83.73±32.27）cm。质地重石质重壤土，pH值为5.5～6.0，土体A（B）C构型。有机质含量（2.93±1.27）%，全氮（0.103±0.038）%，速效磷（0.71±3.58）mg/kg，速效钾（122.45±44.67）mg/kg。

该土在云和县是一个待开发利用的土壤，宜毛竹、油茶生长。目前主要植被为马尾松、油茶和灌木丛，部分已开垦为柑橘园、茶园等经济作物。由于土壤砂、砾含量高，结持性差，土壤松散，易受雨水冲刷崩塌，雨水过后，表土层出现大量银白色的石英砂。土壤养分含量较底，园地应曾施有机肥，提高土壤肥力。该土分布地势较平缓，自然条件亦较好，应做好开发利用，发展经济作物，进行封山育林，水土保持工作应视为重点改良措施。

3. 粉红泥土土属（代号125）

分布于云和县朱村、双港、沙溪、云坛等乡，共有面积

22 954亩，占红壤土类面积的0.3%。母质为白垩纪凝灰岩风化物，因岩性疏松，物理风化强烈，结持性差，易受冲刷，土层深浅不一，因成土年龄短，剖面分化不明显，呈黄棕、紫灰色、质地重壤土，酸性反应，主要土种粉红泥土，紫粉泥土。

（1）粉红泥土土种（代号125－1）

分布于云和县朱村、双港等乡的低山丘陵，共有面积18056亩，占黄红壤亚类面积的0.3%。

母质为凝灰岩的风化物，土层厚薄不一，一般60～70cm，呈黄棕，红色，质地中壤至重壤土，因岩性疏松，物理风化强烈，土体砾多黏粒少，砾石和细砂粗粉砂含量较高，结持性差，易受冲刷，pH值为4.5～5.0，酸性。

目前，植被为稀松树，山坡平缓处已开垦利用，种植茶叶，柑桔等作物，由于土体结持性差，易受冲刷、应强调封山育林，防止水土流失，宜采用砌石坎保土。

（2）紫粉泥土土种（代号125－2）

分布于云和县沙溪、云坛乡，面积4 898亩，占黄红壤亚类面积的0.1%。母质为紫色凝灰岩的风化物，土体保持原母岩的色泽，呈紫红色，土层厚薄不一，全土层平均厚度43.67cm，AC构型，pH值为5.4，酸性。有机质含量（3.223±1.496）%，全氮（0.117±0.055）%，速效磷（5.5±4.093）mg/kg，速效钾（157.0±64.645）mg/kg。

目前，植被大多为矮小的马尾松为主，生长较差，宜封山育林，防止水土流失，做好水土保持工作。

4. 红砂土土属（代号126）

分布于云和县盆地丘陵，共有面积10 752亩，占红壤亚类面积的0.1%，母质为非石灰性红紫砂岩及砂砾的风化体，岩性疏松，土体砂砾含量高，易受冲刷，土层浅薄，AC构型，成土作用较弱，土体仍保留母岩的色泽，质地为石质土。植被稀疏，复盖度低，水土流失严重，按其母质不同，划分为红砂土，砾石红砂土。

（1）红砂土土种（代号126－1）

分布于云和县盆地丘陵的云和镇、沙溪乡，共有面积3 366亩，占黄红壤亚类面积的0.5%，母质为红紫砂岩风化的原积、坡积物，土层浅薄，表土层平均厚度15.7cm，全土层平均厚度25.25cm，侵蚀严重，砂砾性强，黏粒含量低，土体A（B）C构型，诊断层（B）层质地重石质重壤土，pH值为4.5～5.0，酸性。

目前，零星生长一些马尾松和稀疏的毛草，因土体砾石含量高，结持性差，结构松散，水土流失严重，植被生长差，宜封山育林，防止冲刷，做好水土保持工作。

（2）砾石红砂土土种（代号126－2）

分布于云和镇、小徐、沙溪乡的盆地丘陵上，共有面积7386亩，占黄红壤亚类面积的1.2%。母质为红砂岩风化的坡积物，全土层40cm左右，土体中含有大量有磨园度的砾石，显粗骨性，质地重石质土，（B）层发育度差，A（B）C构型，紫灰色。pH值为5.2，酸性。有机质含量（3.22±0.594）%，全氮（0.121±0.025）%，速效磷（5.375±0.53）mg/kg。速效钾（178.0±53.74）mg/kg。

该土土层较浅薄，砾石含量达30%以上，土体松散，冲刷严重。目前，植被为稀疏的马尾松，小灌木，生长较差，宜封山育林，防止冲刷，做好水土保持工作。

（三）侵蚀型红壤亚类（代号13）

广泛分布于云和县低山丘陵的陡坡，山脊，共有面积271 412亩，占红壤土类面积的30.3%，占全县山地土壤面积的21.5%。母质为各种岩石的风化残体，酸性反应，由于坡度陡，侵蚀严重，全土层不足30cm，一般仅20cm左右，土体中母质特征突出，石质含量高，AC构型，A层为遭受侵蚀后的次生表土，含有粗有机质，C层为母岩碎屑，部分土种保留很薄的（B）层，局部为裸露地表的岩秃，没有土层，根据母岩类型不同划分为石沙土，白岩砂土两个土属。

1. 石沙土土属（代号131）

广泛分布于全县各乡的低山丘陵，共有面积258 219亩，占红壤土类面积的28.8%，占全县山地土壤面积的20.4%。母质为各种岩石的分化残体，土层浅薄，不足30cm，土壤冲刷严重，土体中含有大量石砾和半风化岩屑，为石质土，局部基岩裸露。主要土种有石砂土。

石砂土土种（代号131－1）分布于全县各乡的低山丘陵，共有面积258 219亩，占侵蚀型红壤面积的95.1%。母质为各种基岩的残积物，岩性坚硬，风化度差，山林破坏严重，水土流失，土层浅薄。砾石及半风化母岩碎片含量高，A层达49.2%，土体AC构型，颜色以棕灰为主，质地重石质土，pH值为6.2。有机质含量（5.7+3.23）%（已扣除砾石含量），全氮（0.199±0.098）%，速效磷（17.213±20.913）mg/kg，速效钾（179.96±58.27）mg/kg，由于土层浅薄，土体中养分总含量仍属贫乏。

该土土层浅薄，砾石含量高，坡陡，尚有部分基岩隐约裸露。目前，主要植被为稀林小灌木，蕨类，小部分已垦为旱地。

该土分布我县面积广，占山地土壤面积的20%以上，直接关系到我县水土保持和大自然的生态平衡，要切实加强保护植被，防止水土流失。封山育林已成为云和县水土保持工作的首要措施，应全面规划，进行封山育林，绿化荒山，保持水土，防止岩秃化。

2. 白岩砂土土属（代号132）

分布在海拔400m左右的高丘，共有面积13 193亩，占红壤土类面积的1.5%，母质为粗晶花岗岩风化的坡积，残积物。土体受强度侵蚀后，残留下粗石英砂，局部有心土层，大部分母质层甚至基岩裸露，全土层30cm左右，呈浅灰色，pH5.6，主要土种有白岩砂土。

白岩砂土土种（代号132－1）分布于云坛，赤石，小徐，沙溪，务溪乡的高丘，共有面积13193亩，占侵蚀型红壤面积的4.9%。母质为粗晶花岗岩风化的坡积，残积物，全土层浅薄，一般30cm左右，浅灰色，由于植被少，大部为光秃山，易受冲刷，土体中砂砾含量高，A层含量达42.2%。AC构型，质地重石质重壤土，pH值为5.6，土壤养分贫乏，农民称之为“白砂土”。有机质含量（3.44±1.27)%，全氮（0.155±0.04)%，速效磷（5.5＋4.95）mg/kg，速效钾（137.5±12.02）mg/kg。

该土层浅薄，养分含量低，土壤结持性差，目前自然植被，主要生长一些矮小的灌木和马尾松，生长不良，应重视植被保护，全面封山绿化，防止水土再流失。

二、黄壤土类（代号2）

黄壤土类分布于我县海拔700～750m以上的中山区，共有面积362 615亩，占全县山地土壤面积的28.7%，占全县土壤面积的25.1%。母质为酸性火山岩的风化体为主，植被为针叶、阔叶混交林带，局部为灌丛和草本。由于受高海拔的气候条件影响，土壤呈黄或棕黄色，表土层有机质分解慢，常保持较好的枯枝落叶层，有机质积累高，土体A。A（B）C构型，将其划分为黄壤、侵蚀型黄壤亚类。

（一）黄壤亚类（代号21）

分布于云和县海拔750m以上的中山区，共有面积246 490亩，占全县山地土壤面积的19.5%。黄壤亚类地处高山，植被保存较好，土体较深厚，有良好的团粒结构，具有完整的A。A（B）C构型，表土有机质含量在5%以上，植被为常绿针叶、阔叶混交林，山顶岗背多为灌丛和草被，土色呈黄或棕黄色，质地因母质类型的不同，划分为山地黄泥土，山地黄泥砂土两个土属。

1. 山地黄泥土土属（代号211）

分布于云和县西南部和北部的中山区，共有面积223 149亩，占黄壤土类面积的61.5%，占黄壤亚类面积的90.5%。母质为凝灰岩的风化体，少含或不含石英砂，但含有较多的砾石和岩屑，有机质积累层较厚，表土层棕灰或褐色，心底土黄棕或棕黄色，质地中壤至重壤，pH值为5.5~6.0，养分含量高，植被生长旺盛，主要土种有山地黄泥土，山地砾石黄泥土，山地香灰土。山地黄泥土，山地砾石黄泥土以黏粒为主，达20.0%以上，而山地香灰土则以粗粉砂为主。

（1）山地黄泥土土种（代号211-1）

分布于梅源、黄源、云丰、林山、赤石、云坛、务溪、安溪等乡的中山区，共有面积92 588亩，占黄壤土类面积的

25.5%，占全县山地土壤面积的7.3%。

母质为凝灰岩风化的残积、坡积物，土体呈A。A（B）C构型，土层深厚，A层平均厚度（21.32±4.54）cm，全土层平均厚度（71.46±22.39）cm。表土层棕灰色，心底土黄或橙黄色，pH值为5.5~6.0，砂粒和粉砂含量28.0%和48.0%，黏粒含量22.9%，A层质地重石质重壤土，诊断层（B）层轻石质轻黏土。表土层有机质含量（5.486±2.316）%，全氮（0.199±0.095）%，速效磷（5.071±3.749）mg/kg，速效钾（124.64±36.333）mg/kg。

该土土层较厚，有机质含量高，自然气候条件适宜林木生长，目前植被为用材林和薪炭林，植被生长好，覆盖度高，是我县发展用材林的主要基地，亦可在部分地段的山旱地种植夏季蔬菜，供应城镇市场。林木要进行间伐，以保持水土流失，发挥其更大的经济效益。

（2）山地砾石黄泥土土种（代号211-2）

分布于梅源、黄源、云丰、林山、务溪等乡的中山区，共有面积126 619亩，占黄壤土类面积的34.9%，占全县山地土壤面积10%。

母质为凝灰岩风化的残积、坡积物，土体呈A。A（B）C构型，A层平均厚（20.03±5.29）cm；全土层平均厚度（62.0±10.17）cm。表土层暗灰色，心土层橙黄色；质地A层重石质重壤土，（B）层重石质重壤土，土体中石砾和半风化母岩碎屑含量高，A层达41%，（B）层达23.2%，pH值为6.0。有机质含量（5.937±2.198）%；全氮（0.193±0.068）%；速效磷（4.938±5.152）mg/kg；速效钾（146.42±49.838）mg/kg。

该土土层一般，土体中含砾石较高，A层达30%，目前主要植被为杂木林和毛竹，因土体疏松，水土易于流失，应做好水土保持工作。

(3) 山地香灰土土种（代号211－3）

分布于梅源乡，海拔1 500m的高山，共有面积3 942亩，占黄壤亚类面积的1.6%。母质为凝灰岩风化的残积物，土体A。A（B）C构型，全土层平均厚度70.5cm，表土层平均厚度25cm。A层质地为轻石质中壤土，诊断层（B）层重石质重壤土。表土层黑灰色，心土层黄色，含有机质10.63%，全氮0.389%。

该土土层厚度一般，有机质含量达10%以上，目前主要植被为灌木，杂草，由于山高风大，影响植物生长，因而树木生长矮小。宜利用草山资源发展畜牧业。

2. 山地黄泥砂土土属（代号212）

分布于梅源、务溪、黄源、沙溪乡的中山区，共有面积23 341亩，占黄壤土类面积的6.4%，占全县山地土壤面积的1.8%。

母质为晶屑凝灰岩、石英砂岩的风化体，土体中含有较多的石英砂，结持性差、易受侵蚀，土层一般，50～60cm左右，质地重壤土为主，主要土种有山地黄泥砂土，山地砾石黄泥砂土。山地黄泥砂土质地较黏重，小于0.001mm黏粒达30%以上，而山地砾石黄泥砂土则以粗粉砂为主。

(1) 山地黄泥砂土土种（代号212－1）

分布于梅源、务溪、黄源、沙溪等乡的中山区，共有面积15 772亩，占黄壤土类面积的4.3%。母质为粗晶花岗岩的风化物。土层较厚，表土层平均厚度21.14cm，全土层平均厚度72.28cm，表土层棕灰色，心土层橙黄色，质地A层重石质轻黏土，诊断层（B）层重石质土，易受冲刷，pH 值为 5.5～6.1，A（B）C 构型。表土层有机质含量 6.5321.121%，全氮（0.219 + 0.042）%，速效磷（3.65 ± 3.572）mg/kg，速效钾（135.5 ±52.64）mg/kg。

该土土层较深厚，土壤疏松，适宜林木生长。目前植被为松、杉、灌木为主，局部地方植被已破坏，土壤受冲刷侵蚀，要引起重视，防止水土流失，进行封山育林，发展用材林，对已垦为旱地的地方，要做好水平带种植，以利保土。

（2）山地砾石黄泥砂土土种（代号 212－2）

分布于大湾、沙铺乡的中山区，共有面积 7 569亩，占黄壤面积的 2.1%。母质为凝灰岩风化的坡积物，全土层平均厚度 52cm。表土层灰色，心土层淡灰黄色。A。A（B）C 构型，质地诊断层（B）层以重石质重壤土为主。土体中含大量砾石，A。层含 32%，A 层含 10.5%，（B）层含 13%，土体结构因含砂砾而显松散，pH 值为 5.7～6.1。

该土土层较厚，土体中含大量砾石。目前自然植被为松、灌木，应做好封山育林工作，发展用材林，以利育林保土。

（二）侵蚀型黄壤亚类（代号 22）

分布于黄壤带的陡坡或脊背，共有面积 116 125亩，占黄壤土类面积的 32.0%，占全县山地土壤面积的 9.2%。由于地势陡，植被稀疏，冲刷严重，土层浅薄，全土层不足 30cm，砾石含量超过 30%，土体 A。AC 构型，主要土属有山地石砂土。

山地石砂土土属（代号 221）

分布于黄壤地带的陡坡。母质为各种母岩的残积物，因受强度侵蚀，全土层不足 30cm，pH 值为 5.0～5.4，酸性。土体 A。AC 或 AC 构型，主要土种有山地石砂土，山地石坤香灰土，山地白砂土。

（1）山地石砂土土种（代号221－1）

分布子黄源、梅源、云丰、沙铺、大湾、赤石、大源、云坛、沙溪等乡的中山区陡坡，共有面积103 620亩，占全县山地土壤面积的8.2%，占黄壤土类面积的28.6%。母质为凝灰岩的风化物，土层浅薄，全土层平均厚度22.75cm，A层砾石含量达39.3%，显粗骨性，pH值为5.4，质地重石质轻壤土。有机质含量（9.538 ± 4.464）%，全氮（0.358 ± 0.149）%，速效磷（14.033 ± 12.191）mg/kg，速效钾（216.67 ± 78.184）mg/kg。

该土土层只有20～30cm，粗骨性强，一般地形较陡，受强度侵蚀，有的已成为岩秃，特别是植被破坏严重的地方，水土流失严重。目前，主要植被为常绿灌木，少受人为破坏的地方，植被生长良好，反之，则生长一些矮小的灌木，植被一度受破坏即难以恢复。应做好封山育林工作，育林护土，保持水土，防止流失。

（2）山地石坪香灰土（代号221－2）

分布于大源乡的牛头山，海拔1 297m，共有面积9 946亩，占黄壤土类面积的2.7%。母质为花岗岩风化的原积物，表土为腐殖质积聚层，厚度大于20cm，含有机质16.35%～13.72%，pH值为6.4，质地为石质土，颜色以棕灰、浅黄棕色，土体疏松，含大量砂砾。有机质含量（20.22 ± 5.473）%，全氮（0.566 ± 0.167）%，速效磷（7.5 ± 3.536）mg/kg，速效钾（160.0 ± 55.15）mg/kg。

该土土层浅薄，有机质含量高，土体中砾石含量达30%以上。目前，植被为稀疏的林木，灌木丛，应注意护林保土，做好封山育林工作。

（3）山地白砂土土种（代号221－3）

分布于安溪，务溪的中山区陡坡，共有面积2 559亩，占侵蚀型黄壤亚类面积的2.2%。母质为粗晶花岗岩的风化物，AC构型，全土层平均21.75cm，灰黄色，含有明显的石英砂、砾，C层为母岩的半风化体，由于坡陡，造成强度侵蚀，土壤呈淡灰，棕黄色，pH值为6.0。

该土土层浅薄，水土流失严重，目前自然植被为稀疏的灌木，杂木林。应认真搞好绿化造林，保护植被，防止水土流失。

三、岩性土土类（代号3）

岩性土零星分布于河谷盆地内的低丘上，面积仅1850亩，占全县山地土壤总面积的0.01%。因受母岩性质的影响，土壤基本保持了母岩特征。土壤AC或A（B）C构型，主要亚类为钙质紫色土和玄武岩幼年土。

（一）钙质紫色土亚类（代号31）

分布于我县盆地低丘上，母质为钙质紫砂岩风化物，由于易受侵蚀，土壤剖面风化微弱，AC构型，呈紫色，酸性反应，主要有红紫砂土土属。

红紫砂土土属。（代号312）

红紫砂土土属共有面积488亩，占岩性土土类面积的26.4%。母质为钙质紫色砂岩风化物，上部土层受淋溶而脱钙，呈酸性或微酸性反应，其土种有红紫泥土。

红紫泥土土种（代号312－2）分布于沙溪、小徐乡、共有面积488亩，母质为钙质紫砂岩风化物，全土层80cm左右，呈紫红色，pH值为6.0，质地轻石质重壤土，诊断层（B）层中石质重壤土，心土层以粗、细粉砂和黏粒为主，表土层有机质含量1.25%，全氮0.056%，全磷0.073%，土壤易受冲刷。

目前，大多已开垦种植蕃薯和柑橘，作物生长一般，为防止雨水冲刷，要进行水平带种植，以利保土，并提倡绿肥套种，提高土壤肥力。

(二) 玄武岩幼年土亚类（代号33）

母质为玄武岩发育的土壤，共有面积1362亩，占全县山地土壤面积的0.1%。土色黄棕色，中性至微酸性反应，质地黏重，主要有棕黏土土属。

棕黏土土属（代号331）

分布于盆地边缘的低山丘陵，面积1 362亩，占岩性土土类面积的73.6%。土体ABC构型，土层厚度60cm左右，质地黏重，土壤矿素营养丰富，主要土种有棕黏土。

棕黏土土种（代号331-1）

分布于梅垄、白垟墩，赤石等地的低丘上，母质为安山玄武岩发育的土壤，母质特征明显，全土层60cm左右，紫棕色，A层，质地重石质重壤土，诊断层B层轻石质重壤土。土体中含砾石高，其中：表土层21%，pH值为6.1~6.2。

目前，已开垦种植旱地作物，某些地段已种上柑橘，生长良好，宜发展经济特产。

四、潮土土类（代号51）

潮土是近代河流冲积、洪积物上发育成的一个土类，它分布在我县大、小溪流两岸，共有面积4 327亩，占全县山地土壤面积的0.34%。剖面中常保留母质的不同质地层次，中下部受地下水影响，有潴育化现象，土壤呈酸性，微酸性反应，剖面A（B）C构型，主要有潮土亚类。

潮土亚类（代号51）分布于云和县溪流两岸，母质为溪流冲积或洪积物，云和县主要有洪积泥砂土，清水砂和培泥砂土三个土属组成。

1. 洪积泥砂土土属（代号511）

分布于小顺，沙溪等乡，面积481亩，A（B）C构型，土体中砾石含量高，表土层28.27%，心土层68.87%，砂、砾、泥夹杂，表土层质地重石质轻壤土，诊断层（B）层重石质土，pH值为6.2~6.4，由于砂砾含量高，土壤胶体含量低，保肥保水性能差，目前多数为桑园、旱粮地，在施肥方法上要注意小量多次，并提倡绿肥套种，提高土地肥力。

2. 清水砂土属（代号512）

分布于大溪沿岸，面积1 001亩，占潮土土类面积的23.1%。母质为河流冲积物，经常受洪水淹没，土层厚薄不一，质地以砂砾为主，无结构，主要土种有清水砂（代号512-1）。

清水砂土种分布于小顺、双港等乡的溪滩上，共有面积1 001亩，母质为河流新冲积物，土体含砂砾为主，并夹有卵石，土体粗松无结构，肥力低，保肥蓄水性能差，通透性好。目前主要生长稀疏的柳树和荒草，有时受洪水淹没。

该土肥力低，作物生长瘦弱，增施有机肥应培肥地力，进行绿肥套种。目前人为种植的主要为桑树。

3. 培泥砂土土属（代号513）

分布于清水砂内侧的河漫滩上，面积225亩，占潮土土类面积的5%。母质为河流冲积物，目前仍处于不断淤积过程中，A层质地砂质轻壤土，诊断层（B）层重石质土，微酸性反应，土层常达1m以上，主要土种有培砂土和培泥砂土。

（1）培砂土土种（代号 513－1）

分布于小顺、双港乡的溪流河漫滩，面积 89 亩，占潮土土类面积的 2%。母质为河流新冲积物，土层厚达 1m 以上，质地均匀，土体松散，结持性差，蓄水能力低，土体 A（B）C 构型，碎块结构，粗砂含量高，土色棕灰色，质地砂质轻壤土，pH 值为 5.5。

该土土层深厚，耕作轻松，保水保肥力差，作物生长快，易早衰，目前，利用现状，以旱地和桑、橘园为主，该土应增施有机质肥料，培肥地力，以套种旱地绿肥为宜。

（2）培泥砂土土种（代号 513－2）

分布于云和镇、小徐乡的滩地上，面积 136 亩，占潮土土类面积 3%。母质为河流新冲积物，土层一般 60cm 左右，土体 A（B）C 构型，呈棕黄色，质地轻壤至砂壤土，分选性较好，以细砂，粗粉砂为主，pH 值为 6.2～6.6。

该土耕作轻松，操作方便，保水保肥力差，土壤养分含量较低。目前利用现状，以旱粮、桑、橘园为主，要增施有机肥，提倡绿肥套种，提高土壤肥力。

五、水稻土土类（代号 7）

水稻土是人类长期劳动的产物，它起源于各种成土母质或自然土壤。水稻土经过长期的人为的水耕熟化作用，促进了土体内物质转移，淋溶和淀积，特别是还原氧化交替过程，而形成有各种特殊的土体构型的一类土壤。它广泛分布于云和县的低山丘陵，山垄、山岗，共有面积 177 886亩，占全县土壤总面积的 12.3%。根据不同的土壤性态，将水稻土划分为渗育型，潴育型，潜育型水稻土 3 个亚类，16 个土属，32 个土种。

（一）渗育型水稻土亚类（代号71）

渗育型水稻土亚类共有面积109 417亩，占水水稻土土类面积的61.5%，占全县土壤总面积的7.4%，主要分布于云和县丘陵，山地的岗背或坡地梯田，由红壤和黄壤及岩性土，经降雨和灌溉水等地表水作用下发育而成，整个剖面很少或不受地下水影响，在耕层有机质的协同下，剖面出现上铁下锰的铁、锰分层淀积，其底土层仍保持母质的特征，剖面发生为APWC构型，按其不同的母质划分为山地黄泥田、黄泥田、白砂田、红泥田、新黄筋泥田、红砂田六个土属。

1. 山地黄泥田土土属（代号711）

分布于云和县中山区的山坡梯田，共有面积32 549亩，占水稻土面积的18.3%，为山地黄壤坡积而成，表土层有机质含量较高，但速效养分贫乏，土壤呈酸性反应，泡水耕作时易糊烂，干燥后土体较轻松，心底土除形成锈斑外，基本上保持山地黄壤的特征，土体为APWC构型，主要土种有山地黄泥田，山地砂性黄泥田，山地石坤黄泥田。3个土种间经化验分析统计，质地以山地黄泥田质地，以细粉砂，粘粒含量为主，山地砂性黄泥田，山地石坤黄泥田则以粗粉砂、黏粒为主。

（1）山地黄泥田土土种（代号711-1）

分布于安溪、黄源、云丰、沙铺、大湾、务溪、梅源等乡的中山区，共有面积15 399亩，占水稻土面积的8.6%。

由山地黄泥土发育而成，A层平均厚度17.58±3.15cm，全土层平均厚度71.68±20.0cm，是云和县土层较厚的土壤类型。耕作层浅灰色，心土层灰黄色，表土层为中石质轻黏土，心土层W层重石质轻黏土，土体APWC构型，各层次中有小量锈孔、锈斑，底土层W层有小量锈孔、锈斑外，基本保持山地黄壤的原有特征，pH 值为 5.5 ~ 6.2，有机质含量为（4.3 ± 1.82)%，全氮（0.108 ± 0.051)%，速效磷（54 ± 16.97）mg/kg，速效钾（86.5 ± 6.36）mg/kg。

该土种质地较黏重，土壤代换量低，耕作稍困难，土壤保水保肥力较好，由于分布中山区，自然条件差，山高水冷气温低，光热不足，水利条件差，易受旱造成减产，管理水平亦低，稻瘟病发生严重，目前耕作制度为绿肥——单季稻或浸冬田—单季稻。要重视开好排水沟，改善水利条件，加强肥水管理，增施磷，钾肥，促进稻苗早发。改浸冬田为冬晒田，改善土壤条件，多种绿肥，增积有机肥，培肥土壤。

（2）山地砂性黄泥田（代号 711 - 2）

分布于黄源、云丰、沙铺、大湾、务溪、梅源等乡的山坡岗背，共有面积 14319 亩，占水稻土面积的 8%。

由山地黄泥砂土发育而成，土体 APWC 构型，A 层平均厚度（17.1 ± 2.78）cm，全土层平均厚度（64.31 ± 17.5）cm，心土层 W 层质地重石质中壤土，含石英砂较多，土体疏松，颜色以灰棕为主。土体各层次有小量锈斑，锈孔，心底土基本保持山地黄泥砂土的特征，pH 值为 6.0，有机质含量为（4.732 ± 0.785)%，全氮（0.112 ± 0.022)%，速效磷（52.2 ± 15.61）mg/kg，速效钾（86.2 ± 24.0）mg/kg。该土表土层砂粒含量较高，达 42.64%，淀浆性强，农民有混水插秧的经验，早稻前期要注意不能断水，土体疏松，耕作省力。保水保肥力较差，作物易受旱影响产量，目前为绿肥 - 单季稻或浸冬田 - 单季稻，要重视肥水管理，宜采取涵养水源的有关措施，改善水利条件，增施磷、钾肥，特别是磷肥，促进起苗快，防止冷僵的效果。

（3）山地石坪黄泥田土土种（代号 711－3）

分布于黄源、梅源、局村、沙铺、大湾、云丰、安溪等乡，共有面积2 831亩，占水稻土面积的1.6%。

母质为山地黄泥土发育的水田，耕作层平均厚度（14.8±3.45）cm，全土层平均厚度（30.6±9.23）cm，土体APWC构型，A层质地重壤土，心土层W层轻黏土，表土层浅灰色，心底土淡黄，有机质（4.51±1.0）%，全氮（0.106±0.023）%，速效磷（36.67±26.35）mg/kg，速效钾（85.5±26.4）mg/kg。

该土层浅薄，40cm以内出现砾石层，影响作物根系生长，保肥保水能力差，由于分布中山区，自然条件差，受旱田面积大，因而浸冬田面积也增大。耕作制度浸冬一单季稻为主，应因土制宜，逐年加客土，增厚土层，改浸冬田为绿肥田，改串灌为丘灌，提高水温，增施磷、钾肥，改善水利条件，提高单产。

2. 黄泥田土土属（代号712）

分布于低山丘陵的山垄田，全县共有面积57 256亩，占水稻土面积的32.2%，是云和县丘陵低山区的主要水田土壤类型，母质为山坡上黄红壤残积物或再积物发育而成，表土灰或浅灰色，心土层有中量铁锰斑纹，质地以中壤至重壤土为主，土体APWC型，主要土种有黄泥田，砂性黄泥田，砾坪黄泥田，粉红泥田。4个土种质地以粉红泥田较黏重，以细粉砂和黏粒为主；黄泥田则以粗粉砂，黏粒为主；砂性黄泥田，砾坪黄泥田则以细砂，粗粉砂为主。

（1）黄泥田土土种（代号712－1）

分布于赤石、务溪、云坛、局村、梅源、安溪等乡的低山丘陵的垄田，共有面积25 226亩，占水稻土面积的14.2%，占渗育型水稻土亚类面积的23.0%。

由黄泥土发育的水田，土体APWC构型，A层厚度平均（16.03±2.18）cm，全土层平均厚度（80.07±19.49）cm，是云和县水稻土土层较深厚的土壤类型，表土层灰色，心土层灰黄色，A层质地重石质重壤土，心土层W层轻石质重壤土，表土层有中量锈斑，锈孔，心土层W层有大量锈斑和小量锈膜，基本保持母质本色，pH值为5.5~6.0，有机质含量（3.31±0.73）%，速效磷（37.0±30.4）mg/kg，全氮（0.122±0.034）%，速效钾（62.5±12.4）mg/kg。

该土土层较深厚，大部为山垄梯田，土壤板结、湿时较黏，干时坚硬成块，耕作较困难，土壤通气性差，肥料分解较慢，稻苗起发较迟，大部为坑水自流灌溉，容易受旱，产量不稳。目前耕作制度以肥—稻—稻栽培为主。宜种好绿肥，提高土壤肥力，种春粮改善土壤通气性，有利于稻苗早发，兴办水利，改善水利条件，开好排水沟，防止水土流失。

（2）砂性黄泥田土土种（代号712－2）

分布于赤石、务溪、云坛、局村、梅源、安溪等乡的岗背或山垄梯田，共有面积29 869亩，占水稻土面积的16.8%，占渗育型水稻土亚类面积的27.3%。

由黄泥砂土发育而成，耕作层平均厚度（16.2±2.15）cm，全土层平均厚度（65.78±21.1）cm，土体APWC构型，表土淡灰色，心土层棕灰色，土体含砂砾明显，含砂量达29.23%，质地重石质中壤土，含砾石14.8%，有机质含量（3.18±0.092）%，全氮（0.127±0.076）%，速效磷（88.0±49.5）mg/kg，速效钾（36.75±18.9）mg/kg。

该土土层较深厚，土壤养分含量属中等水平，但土质含砂性明显，淀浆性强，保水保肥能力差，耕作较黄泥田轻松爽犁，作物起苗快，土壤通透性较好，供肥较快，但显得水源不足易受旱，不少水田无水，只能种一季早稻，一般抗旱能力只有20天左右，应增施有机肥和磷钾肥，提高土壤保蓄能力，施肥宜小最多次，以提高肥料利用率，适当增加耕耙次数，结合混水插秧。

（3）砾坪黄泥田土土种（代号712－3）

分布于赤石、务溪、云坛、局村、梅源等乡，共有面积1 603亩，占渗育型水稻土面积的1.5%。全土层平均厚度34.33cm，以下即为基岩或岩屑，表土层棕灰色，质地重石质中壤土，心底土W层，重石质中壤土。土体耕作浅薄，石砾含量达11.4%，粗砂含量达31.59%，pH值为5.8，有机质含量4.19%，全氮0.099，速效磷64mg/kg，多速效钾41mg/kg。

该土土层较浅薄，不利于作物根系生长，砂、砾含量高，漏水漏肥严重，同时水利条件较差，容易受旱减产。目前利用方式以单季稻栽培为主。应种好绿肥，扩大草子种植面积，增施有机肥，改良土壤；加客土增厚耕作层；改善水利条件，提高单产。

（4）粉红泥田土土种（代号712－4）

分布于云坛乡的山垄梯田，共有面积558亩，仅占渗育型水稻土面积的0.05%。由粉红泥土发育而来，全土层40cm左右，以下为粉红泥土母质层，土层较薄，质地全土层中石质重壤土，土体APWC型，pH值为5.8，有机质含量2.72%，全氮0.075%，速效磷79mg/kg，速效钾94mg/kg。

该土作物生长一般，保肥供肥性较好，抗旱能力20天左右，目前耕作方式以绿肥一单季稻为主，要增施有机肥，结合加客土增厚土层，改善水利条件，提高单产。

3. 白砂田土土属（代号713）

分布于低山丘陵地区，共有面积17 300亩，占水稻土面积的9.7%。由白岩砂土发育的水田，土层较厚，土体砂砾含量高，底土为半风化母质，质地重壤至中壤，土体构型APWC，土壤漏水漏肥，抗旱能力差，主要土种有白砂田。

白砂田土土种（代号713-1）

分布于安溪、梅源、沙溪、小徐等乡的低山丘陵，共有面积17 300亩，占渗育型水稻土亚类面积的15.8%。

由白岩砂土发育而来，土体中石英砂含量高，约占土体含量的40%，干时地面发白，群众称之为白砂土。耕作层平均厚度（14.32±1.89）cm，全土层平均厚度（74.95±25.59）cm，表土层暗灰色，心土层淡灰色，砾石含量达13.7%，质地重石质中壤土。有机质含量（3.72±0.622）%，全氮（0.131±0.04）%，速效磷（34.5±0.707）mg/kg，速效钾（133.5±86.3）mg/kg。

该土土层较厚，土体含石英砂明显，淀浆性强，耕作层的砂比例较低，在耕作过程中先沉淀到犁底层以下聚积，耕耙后应注意混水插秧。这种田下田不粘脚，上田不用洗的砂田。肥力低，漏水漏肥现象严重，但耕作轻松，供肥快，作物前期起苗快，后期易脱肥，同时水利条件差，晴一个星期就会出现旱情，属靠天田。目前以种植单季稻为主。宜多种绿肥，增施有机肥，改善土壤结构，施肥宜小量多次，减少肥效流失，有条件的要兴办水利，改善水利条件。

4. 红泥田土土属（代号714）

分布于低丘缓坡上，共有面积1 595亩，占水稻土面积的1%，由红泥土，棕泥土发育而成，土层较深厚，质地较黏重，重壤至轻黏土，底土仍保持母质的特性。保肥保水性能较好，土体APWC构型，主要土种有红泥田，棕黏田。两土种间，棕黏田黏粒含量较高，主要以细粉砂，黏粒为主；红泥田则以粗粉砂，细粉砂为主。

（1）红泥田土土种（代号714－1）

分布于龙门、双港等乡的低丘山垄，共有面积1 262亩，占水稻土面积的0.7%。母质为红泥土发育而成，全土层60cm左右，表土浅灰色，心底土棕灰色，质地为重壤土，块状结构，表土层有机质3.95%，全氮0.186%，全磷0.026%，pH值为5.6，有机质含量高，全氮、全磷含量中等。

该土种作物生长表现一般，但作物起苗慢。目前耕作制度以绿肥—稻—稻为主，宜扩大草子种植面积，增施有机肥和磷、钾肥，提倡稻草还田，提高土壤肥力。

（2）棕黏田土土种（代号714－2）

分布于云和镇，共有面积333亩，占渗育型水稻土面积0.03%，由棕黏土发育而来，A层质地轻石质轻黏土，心土层W层轻石质重壤土，紫红色，APWC构型，全土层100cm以上，心土层无结构，细粉砂和黏粒含量达50%以上，表土层有机质2.89%，全氮0.166 00%，全磷0.096%。

该土土质较黏，保水保肥性较好，作物生长一般，质地重，耕性差，湿耕黏犁，燥耕板结，坚硬，通透性差。目前耕作制度以双季稻为主，要加砂性土壤进行改良，注意施肥不当引起后期贪青，多施有机肥，改良土壤。

5. 新黄筋泥田土土属（代号716）

分布于盆地边缘的低丘阶地上，共有面积511亩，占渗育型水稻土面积的0.05%。母质为第四纪红土，土层深厚，质地重壤，土块僵硬，由于耕种历史较短，剖面中仅见小量的铁锰斑纹，底土仍为母质原体，主要土种有新黄筋泥田。

新黄筋泥田土土种（代号716－1）分布于小徐乡，共有面积511亩。由黄筋泥发育而成，土体APWC构型，土层较厚达1m以上，表土层中石质重壤土，心土层W层中石质重壤土，并有中量锈孔，基本保持原母质特征，淡灰色，pH值6.0，表土层有机质2.74%，全氮1.37%，全磷0.016%，有机质、全氮含量高，全磷中等。

该土保肥保水性能较好，土体通透性差，农民把这种土拿来做砖瓦。宜增施有机肥和磷、钾肥，套种绿肥，施石灰，进行稻草还田，改良土壤酸性，施肥应注意作物后期贪青。

6. 红砂田土土属（代号717）

分布于低山丘陵，共有面积206亩，白垩纪红砂砾岩的风化物，土体含砂明显，质地中壤，呈酸性反应，土体APWC松型，主要土种有红砂田。

红砂田土土种（代号717－1），分布于云和镇、小徐乡、沙溪乡的低丘，共有面积206亩，由红砂土发育而成，全土层80cm左右，表土层灰棕色，心土层黄棕色，质地A层重石质中壤土，石砾含量10%以上，pH值6.0，有机质含量2.19%，全氮0.122%，速效磷5mg/kg，速效钾54mg/kg。

该土作物生长一般，耕作轻松爽犁，作物起苗快，但后期易脱肥，耕作层含砂粒高达43.8%，保肥保水性能差。目前耕作方式以双季稻为主。要种好草子，增加草子种植面积，推广稻草还田，增施有机肥和磷钾肥，施肥宜小量多次，有条件的宜加黏土进行改良。

(二) 潴育型水稻土亚类（代号72）

潴育型水稻土亚类分布于云和县河谷平原和丘陵山间谷地，共有面积67 621亩，占水稻土面积的38.0%，母质为河流冲积物，洪积物，也有红壤、黄壤坡积、再积物，土体受地表水和地下水及侧渗水的共同作用下，具有渗育层段和潴育层段为剖面的主要特征，剖面形态复杂，铁、锰结构丰富而不分层，土体氧化还原与淋溶淀积交替，土体APWC或APWG构型，按其母质的不同，划分为洪积泥砂田，黄泥砂田，泥砂田，培泥砂田，山地黄泥砂田，老黄筋泥田，红泥砂田七个土属。

1. 洪积泥砂田土土属（代号721）

分布于云和县各溪流沿岸和谷口洪积扇上。共有面积25 056亩，占水稻土面积的14.1%。母质为近代洪积物，土体APWC构型，土体中砂、砾、泥夹杂，土层厚薄不一，一般近溪流边缘土层较浅，质地较粗，常出现砾坤层，宽谷地和洪积扇部位，质地稍匀细，土层较厚，土体通气性好，耕性轻松，易漏水漏肥，主要土种有狭谷泥砂田，狭谷砾坤泥砂田，狭谷砾心泥砂田。谷口泥砂田，谷口砾坤泥砂田，谷口砾心泥砂田。该土层各土种间的共同点，以中砂含量为主，达20%以上，土壤显砂性。

(1) 狭谷泥砂田土土种（代号721-1）

分布于赤石、小徐、沙溪、云和镇、云坛、局村、黄源等乡的狭谷溪流沿岸，共有面积5 298亩，占水稻土面积的2.9%。

母质为近代洪积物，土体APWC构型，土层厚薄不一，耕作层平均厚度（15.64±2.01）cm，全土层平均厚度（79.36±

17.6）cm，土体中砂、砾、泥夹杂，表土层棕灰色，心土层灰棕色，表土层以细砂和粗粉砂为主，含量达38.5%，心土层41.7%，土壤质地全土层为重石质中壤土，透水性好，因受地下水影响，各层次有铁、锰潴育斑纹，pH值6.2，有机质含量（3.23 ±0.37）%，全氮（0.117 ±0.05）%，速效磷（57.0 ±14.85）mg/kg，速效钾（55.0 ±14.8）mg/kg。

该土种土层较厚，砂、砾含量高，耕作轻松，起苗快，施肥见效快，但易脱力，土体通气性好，保水保肥力较差。应注意施足施肥，多施有机肥，增施磷钾肥，并注意后期穗肥的施用，加强肥水管理。目前主要以绿肥（小麦）—稻—稻三熟制方式。

（2）狭谷砾坪泥砂田土土种（代号721－2）

分布于赤石、小徐、沙溪、云和镇、云坛、局村、黄源等乡的溪流两岸，共有面积2 985亩，占水稻土面积1.7%。

母质为近代洪积物，土体APWC构型，土层浅薄，耕作层平均厚度（15.09 ±1.88）cm，全土层平均厚度（34.54 ±5.25）cm，以下即为砾石层，表土层以细砂，粗粉砂为主，含量达48.4%，心土层达51.9%，土壤质地全土层为中石质中壤土，pH值为5.8，有机质含量（3.57 ±1.08）%，全氮（0.095 ±0.024）%，速效磷（49.3 ±19.86）mg/kg，速效钾（53.67 ±14.84）mg/kg。

该土土层浅薄，不到40cm，全土层砂粒含量较高，耕作轻松，保水保肥力差，作物后期易早衰，土壤缺磷少钾，因此要施足基肥，增施有机肥和磷、钾肥，重视中后期的穗肥施用，并应注意防洪和防旱。目前，主要以肥—稻—稻耕作制。

(3) 狭谷砾心泥砂田土土种（代号721－3）

分布于赤石、小徐、沙溪、云和镇，云坛、局村、黄源等乡，共有面积4 335亩，占全县水稻土面积的2.44%。

母质为近代洪积物，土体APWC构型，耕作层平均厚度（16.23±2.36）cm。全土层平均厚（55.15±10.23）cm，以下即为砾石层，表土层砂、砾含量达30%以上，土壤质地A层中石质中壤土，心底土W层重石质中壤土，小块状结构，潴育斑纹明显，心底土结构体上有大量锈膜，表土层深灰色，心底土白色，pH值为6.0，有机质含量（3.66±1.86)%，全氮（0.98±0.052)%，速效磷（12.5±6.36）mg/kg，速效钾（45.5±6.36）mg/kg。

该土土层厚度一般，60cm以下出现砾石层，土体中细砂，粗粉砂含量高，耕作轻松，供肥快，作物起苗快，适种性广，保水保肥能力差，水耕水作时有淀浆性，土壤缺磷少钾，目前耕作方式为肥（麦）—稻—稻为主，要注意施足基肥，增施磷、钾肥，重视中后期穗肥施用，同时要种好草子，推广稻草还田，提高土壤肥力。

(4) 谷口泥砂田土土种（代号721－4）

分布于云和镇、小徐、沙溪、赤石、小顺等乡的谷口洪积扇上，共有面积6 233亩，占水稻土面积的3.5%。

母质为近代洪积物，土体中砂、砾、泥夹杂，土体APWC构型，耕作层平均厚度（15.72±1.28）cm，全土层平均厚度（95.68±17.65）cm。是我县水稻土土层最厚的土壤类型。质地全土层为中石质中壤土，心底土因受地下水影响，潴育斑纹明显，表土层灰棕色，心土层棕黄色，pH值为5.2，有机质含量（2.8±0.65)%，全氮（0.17±0.027)%，速效磷（10.33±

2.87）mg/kg，速效钾（52.0±6.24）mg/kg。

该土土层深厚，光照，水利条件较好，是我县较为高产、稳产农田，耕作轻松，通气性好，供肥快，作物起苗快，但土壤保肥保水能力较低，缺磷少钾，目前耕作方式以肥（春花）—稻—稻。该土适种性广，旱作水作都适宜作物生长，砂性重的田块，水耕水作时有淀浆性。要施足基肥，增施有机肥和磷钾肥，重视中后期肥水管理；积极推广稻草还田，提高土壤保肥保水能力，并要继续兴办水利，改善灌溉条件。

（5）谷口砾坤泥砂田土土种（代号721-5）

分布于云和镇、沙溪、小徐、赤石、小顺等乡的谷口附近，溪坑两岸，共有面积2 989亩，占水稻土面积的1.7%。土壤母质为近代洪积物，土体APWC构型，耕作层平均厚度（14.71±2.6）cm，全土层平均厚度（31.71±5.12）cm，以下即为砾石障碍层次，土壤质地表土层轻石质中壤土，心底土重石质中壤土，潴育斑纹明显，表土层浅灰色，心底土灰棕色，pH值为5.5，酸性，有机质含量（4.07±2.17）%，全氮（0.166±0.01）3%，速效磷（49.67+33.6）mg/kg，速效钾（48.3±2.21）mg/kg。

该土土层浅薄，全土层不足40cm，灌水后渗漏量大，漏水漏肥，耕性轻松，土体通气性好，作物起苗快，但后期易脱肥，抗旱能力只有15天左右。目前主要以肥—稻—稻耕作为主，宜施足基肥，重视以肥效稳长的有机肥作基肥。并加客土增厚耕作层，注意中、后期的肥水管理，施肥宜小量多次，加强水利建设，改善水利条件。

（6）谷口砾心泥砂田土土种（代号721-6）

分布于云和镇，沙溪、小徐、赤石、云坛、小顺、局村一朱村等乡的谷口附近溪流两岸，共有面积3.216亩，占水稻土面积的1.8%。

母质为近代洪积物，土体APWC构型，耕作层平均厚度（15.6±1.66）cm，全土层平均厚度（55.85±9.59）cm，土壤质地全土层为中石质中壤土，表土层小块结构，心底土凌柱状结构，由于土体受侧渗水和地下水的影响，潴育斑纹明显，心底土有大量锈膜，表土层黄灰色，心底土深灰色，pH值为6.0，有机质含量（4.385±2.157)%，全氮（0.20±0.175)%，速效磷（50.5±19.1）mg/kg，速效钾（73.5±46.0）mg/kg。

该土土层较浅，一般都在40~60cm出现砾石层，成为主要障碍层次，土体中细砂粗粉砂含量显著，保水保肥力差，后劲不足，但耕作轻松，供肥快，作物易起苗，土壤通气性好，适种性广。宜施足基肥，重视中、后期追肥，增施有机肥和磷钾肥，加强水利建设，改善灌溉条件。

2. 黄泥砂田土土属（代号722）

分布于云和县海拔750m以下的低山丘陵的山垄和山麓缓坡，共有面积23 474亩，占水稻土面积的13.0%母质为红壤性的坡积物或经短距离搬运的再积物，土体APWC构型，因受侧渗水的影响，潴育作用较强。质地中壤土为主，土层一般80cm左右，pH值为5.8~6.2。主要土种有黄泥砂田，黄泥粗砂田。黄泥砂田质地以粗粉砂，黏粒为主，而黄泥粗砂田则以细砂、黏粒为主。

（1）黄泥砂田土土种（代号722-1）

分布于小徐、沙溪、云和镇、云坛、梅源、赤石、双港等乡的低山丘陵山垄，共有面积21 274亩，占水稻土面积的12.0%，是云和县水稻土分布面积较大的土壤类型。

由黄泥土、黄泥砂土发育而来，土体APWC构型，土体较深厚，耕作层平均厚度（15.36±2.63）cm，全土层平均厚度（83.98±19.45）cm，由于土体受地下水和侧渗水的影响，剖面潴育化明显，通透性好。表土层为中石质中壤土，心底土为中石质中壤土，土体中粗粉砂含量29.8%以上，pH值为5.8，有机质含量（3.45±0.15)%，全氮（0.158±0.016)%，速效磷（19.5±20.7）mg/kg，速效钾（53.0±10.4）mg/kg。

黄泥砂田是云和县水田土壤分布面积较大的一种类型。该土土层深厚，耕作良好，水分充足，因地处山垄。光照条件较差，有的受山坑冷水或因石坎冷水影响，土温低，早稻容易发僵，影响早发，要开好避水沟，改串灌为丘灌，增施磷肥，以磷增氮，促使稻苗早发，多种种好草子，增施有机肥料，提高土壤肥力。

（2）黄泥粗砂田土土种（代号722-2）

分布于小徐、沙溪、云和镇、云坛、梅源、朱村、双港等乡，共有面积2 200亩，占水稻土面积的1.24%。

由白岩砂土、黄泥砂土、砂粘质红土等发育而成，土层深厚，表土层平均厚度（16.5±1.73）cm，全土层平均厚度（103.0±29.5）cm，土体中含砾石、粗砂为主要特征，以细砂，粗粉砂为主，其含量分别为表土层1~0.25mm粗、中砂达20.2%，0.25~0.01mm细砂、粗粉砂达40.4%，粘粒含量13.8%，土体受地下水影响，潴育化明显，心底土有大量铁锰斑纹，土壤质地均为重石质中壤土，表土层小块状结构，心底土块状结构，表土层灰色，心底土棕黄色，pH值为6.0，有机质含量（3.935+1.52)%全氮（0.201±0.079)%，速效磷（46.0±62.2）mg/kg，速效钾（64.5±33.2）mg/kg。

该土土层深厚，土壤养分含量中等，含粗砂明显，土壤疏松，耕作轻松，有淀浆性，土壤供肥快，稻苗易起发，后期易早衰，保肥保水能力差，要增施有机肥和磷钾肥，改善土壤质地。耕耙后宜结合混水插秧，施肥要小量多次，防止养分流失。目前主要耕作方式以单季稻为主。

3. 泥砂田土土属（代号 723）

分布于云和盆地、赤石、双港乡的溪流下游的冲积地带，共有面积 13 739 亩，占水稻土面积的 7.7%。母质为溪流冲积物，亦夹有洪积物，土体中各层次均有砂、砾夹杂，含量不一，全土层较深厚，一般 60cm 以上，下部为老河床粗的砂、砾层，也有的是近代改造的溪滩田，耕层以下为人造底押，土体受地下水影响，潴育化明显，有大量铁、锰斑纹，质地以轻壤至中壤为主，pH 值为 5.5 ~6.0。

该土属分布于云和县地形开阔地段，热量条件好，水源丰富，土层深厚，质地适中，通透性好，是云和县高产稳产的主要粮田。其主要土种有泥砂田，砾押泥砂田，溪滩砂田，据化验分析统计，泥砂田，溪滩砂田质地以细砂粗粉砂为主，砾押泥砂田则以粗粉砂为主。

（1）泥砂田土土种（代号 723 -1）

分布于云和镇、沙溪、小徐、赤石，双港等乡的溪流下游的冲积地带，共有面积 13 058亩，占水稻土面积的 7.3%。

母质为溪流的冲洪积物，土体 APWC 构型，土层深厚，耕作层平均厚度（15.78 ±2.14） cm，全土层平均厚度（83.24 ±21.11） cm，是云和县水田土壤土层较厚的土壤类型，土体结构稍有层理，云和县泥砂田由于水源短，水的流速较急，沉积物较粗，盆地的泥砂田土土种、细砂、粗粉砂明显增高，表土层和心底土以细砂、粗粉砂为主，表土层含量达47.41%，心土层达61.42%。表土层为轻石质中壤土，心底土为中石质中壤土，表土层小块状结构，心土层块状结构。表土层暗灰色，心土层棕黄色，潴育化明显，并有大量云母夹杂，有密集的潴育斑纹。有机质含量（2.81±1.157）%，全氮（0.169±0.053）%，速效磷（44.6±42.97）mg/kg，速效钾（56.3±17.04）mg/kg。

该土土层深厚，自然条件优越，质地适中，通透性好，地形开阔，阳光充足，热量条件较好，水源丰富，耕作适宜，宜种水稻、小麦、玉米、油菜，西瓜、甘蔗等农作物。但保水保肥力较差，供肥一般较稳，绿肥田早稻苗期易发僵。应增施有机肥和磷、钾肥，培肥土壤，注意穗肥的施用，以提高结实率，早稻苗期宜施些石灰，石膏防止僵苗，促使前期早发。目前耕作制度为肥—稻—稻，春花—稻—稻。

（2）砾坶泥砂田土土种（代号723－2）

分布于云和镇、沙溪、小徐、双港乡的溪流上游的冲积地带，共有面积596亩，占水稻土面积的0.34%。该土种土层浅薄，耕作层平均厚度（13.2±0.98）cm，全土层平均厚度（28.0±4.52）cm，其下即为卵石层，全土层轻石质中壤土，C层重石质轻壤土，全土层棕灰色，有明显的潴育斑纹，pH值为5.6，有机质含量3.11%，全氮0.165%，速效磷70mg/kg，速效钾80mg/kg。

该土土层浅薄，全土层土粒组成以0.25～0.01mm粗粉砂为主，土体疏松，耕作轻便，供肥快，但保水保肥性能差，需水量大，作物后期易早衰，群众称之为“菜蓝田”。适宜各种农作物生长，在施肥管理上，要施足基肥，采用肥效长的有机肥，重视后期穗肥的施用，防止早衰，以提高成穗率和千粒重。同时宜浅水插秧，以防浮秧、倒秧。目前耕作制度以肥—稻—稻为主。

（3）溪滩砂田土土种（代号723－4）

分布于云和镇溪流两岸，共有面积85亩。母质为冲积物，土体APC构型，土层浅薄，全土层不到20cm，其下即为砂卵石，表土层中石质轻壤土，犁底层重石质砂壤土，pH值为6.0，有机质含量（3.76±0.735）%，全氮（0.205±0.042）%，速效磷（50.0+60.8）mg/kg，速效钾（83.5±51.62）mg/kg。

该土土层浅薄，以粗砂和细砂含量为主，因耕种年龄短，土壤熟化程度低，砾、砂含量高，耕性疏松，省力，保肥力差，漏水漏肥，后期脱肥严重，常受洪水影响，产量不高。目前主要以肥—稻—稻为主，要增施有机肥，加客土增厚土层，改善土壤质地，配施磷、钾肥，适宜种植草子、水稻、糖蔗等农作物。溪滩砂田要加固防洪堤，减轻洪水影响。

4. 山地黄泥砂田土土属〔代号72（14）〕

分布于黄壤地带的山垄或村边田，共有面积919亩，占水稻土面积的0.5%，母质为黄壤的坡积、再积物，土层深厚，土体APWC构型，心底土受侧渗水的影响有明显的潴育斑纹，质地为重壤土，主要土种有山地黄泥砂田。

山地黄泥砂田土土种〔代号72（14）－1〕

分布于云丰、务溪乡，共有面积919亩。母质为山地黄泥土的坡积、再积物，土体APWC构型，土层深厚，耕作层平均厚度18.0cm，全土层平均厚度92.33cm，质地心低土为中石质量壤土，表土层浅黄色，心底土深灰色，因耕作年代长，土体受地下水的作用，潴育化过程较明显。土体中以粗粉砂为主，<0.001黏粒达21.84%，有机质含量4.89%，全氮

0.241%，速效磷30mg/kg，速效钾38mg/kg。

该土土层深厚，通气性好，保肥保水能力一般，由于山高水冷气温低，山坑水的串流，土壤有机质含量虽高，但很难分解。目前主要耕作方式为肥-稻两熟制。要种好草子，增施有机肥，提高土壤肥力，开好排水沟，改串灌为丘灌，提高水温，增施磷肥，防止稻苗发僵，促进早发，同时要施足基肥，早施追肥，以防后期贪青，并可避免诱发稻瘟病，提高单产。

5. 老黄筋泥田土土属〔代号72（15）〕

分布于盆地边缘，老河漫滩阶地上，共有面积923亩，占水稻土面积的0.52%。母质为古红土，其剖面有明显的潴育层段，耕作层受冲积物影响，质地比心低土轻，土体APWC构型，主要土种有老黄筋泥田。

老黄筋泥田土土种〔代号72（15）-1〕

由黄筋泥发育而成，土层较深，一般达1m以上，表土层为洪冲积物，厚20cm左右，复盖在黄筋泥上，以下即为黄筋泥母土，质地轻石质重壤土，心底土轻石质重壤土至轻黏土，表土层块状结构，心底土棱柱状结构，棱柱间有大量胶膜，有明显的潴育斑纹，表土层浅黄色，心底土灰白至橘黄色，pH值为5.4，酸性。

该土土层较厚，<0.001黏粒含量20.47%，因此耕性较黏重，耕作较困难，是制砖瓦的好材料，保肥保水性能较好，后劲足，但供肥性能差，土体有滞水现象，早稻易发僵。农民反映“湿时一团糟，干时像把刀”，可见耕性比较困难。该土由于土体透水性差，春粮作物后期雨水多，易落黄，影响产量。

目前主要以肥（小麦）—稻—稻三熟制。宜增施有机肥，提高土壤肥力，改善土壤耕性，增施磷肥，防止早稻苗期发僵，促进早发。可加砂性土壤进行改良。

6. 紫红泥砂田土土属〔代号 72（17）〕

分布于盆地内的低丘山垄，共有面积 2 741 亩，占水稻土面积的 1.46%。母质为紫泥土和酸性紫色土，全土层深厚，土体受地下水和侧渗水的影响，潴育斑纹明显，心底土仍保持母质母泽，质地重壤，主要土种有红泥砂田，棕泥砂田。

（1）红泥砂田土土种〔代号 72（17）-2〕

分布于盆地内的低丘山垄，共有面积 2 571 亩，由红砂土发育的水田，全土层达 1m 以上，土壤质地表土层重石质土，心底土中石质重壤土，有中量至大量锈膜、锈孔，潴育斑纹明显，土体 APW1Wg 构型，因受地下水的影响，在心底层出现青泥层，还原性强，土体棕黄色，WG 层青灰色，pH 值为 5.4，酸性。有机质（2.70 ± 0.99）%，全氮（0.492 ± 0.535）%，速效磷（8.0 +8.49）mg/kg，速效钾（47.0 +12.7）mg/kg。

该土土层深厚，保肥保水性一般，但供肥性差，早稻苗期易冷僵。目前以肥—稻—稻熟制为主。要注意施用有机肥和增施磷钾肥，促进早稻苗期早发，提高单产。

（2）棕泥砂田土土种〔代号 72（17）-3〕

分布于小徐乡的低山丘陵山垄缓坡，共有面积 170 亩，占水稻土面积的 0.1%。母质为安山质玄武岩风化的坡积，再积物，土体 APWC 构型，土层较深，土体受地下水影响，潴育化明显，心底土有大量的锈斑，锈膜。土壤质地，表土层非石质重壤土，心底土中石质中壤土，表土层块状结构，心底土大块状结构，全土层紫棕色，pH 值为 6.0。

该土土层一般，土壤较黏结，通气性差，肥分转化慢，早稻苗期易发僵。宜增施磷、钾肥，开好排水沟，加砂土进行改良。

提倡稻草还田，改善土壤耕性。目前以肥—稻—稻三熟制为主。

7. 培泥砂田土土属（代号725）

分布于云和县大溪沿岸的双港乡，共有面积939亩，占水稻土面积的0.5%。母质为河流冲积物，因受洪水泛滥影响，局部尚处于不断淤积过程中，成土年龄短，剖面风化不明显，土体有明显的层理性，质地轻壤至中壤，主要土种有培泥砂田，培砂田。

（1）培泥砂田土土种（代号725-1）

分布于双港乡溪流沿岸河漫滩上，共有面积900亩，占水稻土面积的0.5%。母质为近代新冲积物，土体APWC构型，土层较厚，一般70cm左右，表土层棕灰色，心底土淡黄色，土壤质地全土层轻石质中壤土，因受地下水影响潴育化作用明显。

该土土层较厚，以细砂为主，占土体含量的33%~36%，耕作轻松，省力，光照条件好，宜种范围大，适宜水旱种植，供肥性好，保肥保水性能较差，地下水位100cm以下。目前，以麦—稻—稻三熟制为主。要种好绿肥，施足基肥，增施磷钾肥，提高土壤肥力。

（2）培砂田土土种（代号725-2）

分布于双港乡溪流沿岸的河漫滩上，共有面积39亩。母质为新冲积物，土体APWC构型，土层浅薄，全土层40cm左右，以下即为砾石层、心土层有铁锰淀积，影响作物根系伸长，表土层棕灰色，心底土红黄色，质地中石质轻壤土，pH值为6.2。

该土土层浅薄，砂性重，蓄水保肥性差，作物前期生长快，后期易脱力。施肥上要注意少量多次，减少肥效流失，利用现状为肥（春花）—稻—稻。

（三）潜育型水稻土亚类（代号 74）

潜育型水稻土，另星分布于平畈的畈心和丘陵山区的低洼处，共有面积 848 亩，占水稻土面积的 0.48%。母质种类繁多，潜育水位接近地表，土体长期渍水，致使土体软糊，土壤亚铁反应显著，呈暗灰，青灰色，土体 AG 或 APG 构型，主要有烂灰田，烂滃田、烂泥田 3 个土属。

1. 烂灰田土土属（代号 741）

分布于中山区垄田的低洼处，共有面积 374 亩，仅占水稻土面积的 0.2%。由山地黄壤发育的潜育型水稻土，土体终年渍水，土体糊烂，pH 值 5.5 左右，主要土种有烂灰田。

烂灰田土土种（代号 741－1）

分布于务溪乡中山区的低洼处，共有面积 374 亩，占潜育型水稻土面积的 44.1%。母质为山地黄壤发育的水田土壤，土体 APWg 构型，因长期渍水，致使土体软糊，有机质难以分解。表土层浅灰色，心底土棕灰色，质地中壤为主，全土层达 1m 以上，pH 值为 5.5。

该土土层深厚，由于地下水位高，土温低，单季稻苗期容易冷僵，要开好排水沟，降低地下水位，增施磷钾肥，促进苗期早发，熟制以单季稻为主。

2. 烂滃田土土属（代号 742）

分布于丘陵低山的山垄低洼处，共有面积 370 亩，占水稻土面积的 0.2%。母质为红壤的坡积，再积物，土体 APG 构型，由于局部低洼处，受冷泉水和侧渗水的影响，以及人为冬灌，造成土体终年积水，土体糊烂，冷性迟发，主要土种有烂滃田，烂黄泥砂田。

(1) 烂滃田土土种（代号742-1）

分布于安溪乡的山垄低洼处，共有面积333亩，占潜育型水稻土面积的39.27%。母质为红壤的坡积再积物，全土层100cm以下，由于山高水冷和侧渗水的影响，土体终年渍水，排水不畅，造成土体糊烂，有机质难以分解，亚铁反应强烈，质地中石质重壤土，表土层淡灰色，pH值为5.8。

该土土层深厚，地下水位高，常年渍水，作物苗期僵苗现象严重，不易扎根，难发棵，后期易徒长倒伏，要做好开沟排水工作，降低地下水位，因土种植，增施速效磷钾肥。目前以单季稻种植为主。

(2) 烂黄泥砂田土土种（代号742-2）

分布于沙溪乡低丘山垄低洼处及洪积扇的前缘，共有面积39亩。母质为红壤的坡积再积物，土层100cm以下，土体APG构型，表土层淡灰色，底土层青灰色，质地全土层中石质重壤土，pH值为6.0，有机质含量2.56%，全氮0.12%，速效磷13mg/kg，速效钾38mg/kg。

该土土层深厚，由于所处的地势低，地下水位高，土体常年渍水糊烂，潜育化明显。以种植单季稻为主，由于人，畜不便进入，管理粗放，产量较低。为了提高经济效益，可改种茭白、莲子等深水作物或进行稻田养鱼，发展渔业生产。

3. 烂泥田土土属（代号743）

分布于河谷畈心洼地，共有面积104亩，占水稻土面积的0.06%。母质为冲洪积物，地下水位高，土体常年渍水，潜育化明显，下部多为砾石层；主要土种有烂泥砂田。

烂泥砂田土土种（代号743-2）

分布于云和镇鲤鱼山前后洼地，共有面积104亩，占潜育型水稻土面积的12.26%。母质为河流冲积物，土体APG构型，全土层100cm以下，表土层棕灰色，心底土青灰色，A层质地中石质重壤土，心底土G层重石质轻壤土，pH值为6.0，有机质含量3.99%，全氮0.229%，速效磷6mg/kg，速效钾76mg/kg。

该土地处低洼，受地下水的影响，土体软糊呈青灰色，还原性强，呈潜育化，作物起发慢，易僵苗，后期易贪青，磷钾肥缺乏。要做好开沟排水，降低地下水位，增施磷钾肥和石灰、石膏，减轻僵苗现象。

第四节　耕地开发利用和保养管理

一、耕地开发利用

1949年年末，云和县耕地总面积7.32万亩。20世纪50年代初，经过土地改革，实行耕者有其田，政府鼓励农民开荒造地。1952年，全县耕地总面积10.33万亩。2009年年末，云和县耕地面积达11.07万亩。

二、耕地保养管理

新中国成立之前，生产水平低下，生产面貌是“种种一畈，收收一罐”。新中国成立之后，人民政府十分重视改良土壤工作。1981年10月到1985年10月，云和县开展第二次土壤普查。查出低产田的主要类型有：靠天田、冷水田、烂糊田、死泥田等。

靠天田：所处的地形位置高或山坡岗背，主要原因是缺水。

因此只要能解决缺水，发展灌溉系统、避旱种植，增加施肥等措施可提高产量水平。

冷水田：主要分布在海拔500～600m以上的山区，处于山坡、山间谷地和山湾小洼地内。通过排灌渠系建设，改串灌、漫灌为死水丘灌，并辅之客土、挖高垫低、平整土地、增施有机肥和磷钾肥等措施，使山区土冷、薄、瘦等病根得到改良。

烂糊田：主要分布在山垄、山岙、低谷。通过建立和改善三沟（防洪沟、排灌沟、导泉沟），排除田边和田内的泉冷水，降低农田地下水位，犁冬晒垡，水旱轮作、增加施肥等措施得到改良。

死泥田：主要有新老黄筋泥田、红泥田、棕黏田等土种。多分布在丘陵山地的缓坡上，修筑成梯田或红砂岩前缘的贩田。通过发展灌溉防旱保收，扩种和种好绿肥，大量施用厩肥、速效氮磷钾肥等措施得到改良。

第三章　耕地地力评价技术与方法

第一节　调查方法与内容

一、调查取样

土壤样品采集是土壤测试的一个重要环节。采集有代表性的样品，是如实反映客观情况的先决条件。因此，必须选择有代表性的农户地块和有代表性的土壤进行采样，并根据不同分析项目采用相应的采样和处理方法。

（一）布点原则

根据《农业部测土配方施肥技术规范》《浙江省省级耕地地力分等定级技术规程》以及云和县的实际情况，本次调查中调查样点的布设采取如下原则。

1. 代表性原则

本次调查的特点是在第二次土壤普查的基础上，摸清不同土壤类型、不同土地利用下的土壤肥力和耕地生产力的变化和现状。因此，调查布点必须覆盖全县耕地土壤类型。

2. 典型性原则

调查采样的典型性是正确分析判断耕地地力和土壤肥力变化的保证，特别是样品的采取必须能够正确反映样点的土壤肥力变化和土地利用方式的变化。因此，采样点必须布设在利用方式相对稳定，没有特殊干扰的地块。

3. 科学性原则

耕地地力的变化并不是无规律的，是土壤分布规律的综合反映。因此，调查和采样布点上必须按照土壤分布规律布点，不打破土壤图斑的界线。

4. 比较性原则

为了能够反映第二次土壤普查以来的耕地地力和土壤质量的变化，尽可能在第二次土壤普查的取样点上布点。

5. 突出重点原则

从云和县近年来产业结构调整实际出发，突出经济作物如水果、蔬菜、茶叶等无公害农产品基地耕地的调查布点。

在上述原则的基础上，调查工作之前充分分析云和县与景宁县的土壤分布状况，收集并认真研究第二次土壤普查的成果以及相关的试验研究资料。在丽水市土肥植保站的指导下，通过野外踏勘和室内图件分析，确定调查和采样点，保证本次调查和评价的高质完成。

（二）布点方法

按照《农业部测土配方施肥技术规范》、《浙江省省级耕地地力分等定级技术规程》的要求，根据云和县总面积、地形部位、土壤类型、农作物布局和生产情况、每个点代表面积的要求进行采样点控制，一般水田每200亩布一个点，园地每100亩布一个点，山区面积可适当扩大我县共计采集土壤样本872个。在调查的基础上，结合土壤图、土地利用现状图、行政区划图等，绘制样点分布图。土壤取样时再利用GPS定点作适度调整，点位要尽可能与第二次土壤普查的采样点相一致，以确保土壤样本能客观真实地反映耕地质量变化状况。

(三) 采样方法

1. 采样时间

在农作物采收前后、秋冬施肥前采样。

2. 野外采样田块确定

根据点位图，到点位所在的村庄，首先向农民了解本村的农业生产情况，确定具有代表性的田块，田块面积要求在 1 亩以上，依据田块的准确方位修正点位图上的点位位置，并用 GPS 定位仪进行定位。

3. 调查、取样

向已确定采样田块的户主，按调查表格的内容逐项进行调查填写。采样深度统一为 0～30cm 土层。每一土样选取有代表性的田块，按照“随机”“等量”和“多点混合”的原则，沿“S”路线多点取样，取 15 个左右点混合均匀后用四分法留样 1kg。现场用 GPS 定位仪记录采样点经纬度、海拔高度，按照乡镇代码和年份、采样顺序编码，认真填写采样地块调查表和农户施肥调查表。

二、调查内容

调查内容是耕地评价的核心，决定耕地地力评价成果的质量，为了准确地划分耕地地力的等级，真实地反映耕地环境质量状况，实现客观评价耕地质量状况的目的，就需要对影响耕地地力的土壤属性、自然背景条件、耕作管理水平等要素，以及影响耕地环境质量的有害有毒物质进行调查。根据耕地地力分等定级和耕地质量评价的要求，对云和县境内水田、旱地、菜地、灌溉条件及农业生产管理等进行了全面的调查。其调查内容主要有：

（一）采样地块基本情况调查表的填写（表3-1）

1. 统一编号

按农业部《测土配方施肥技术规范》规定统一采用19位编码-采样点邮政编码6位+采样目的标识1位（G：一般农化样，E：试验田基础样，D：示范田基础样，F：农户调查样，T：其他样品）+采样时间（年、月、日）8位+采样组1位（用字母表示，如A、B、C、D）+采样顺序3位（不足3位的前面补“0”）。统一编号根据调查内容在室内生成。

2. 调查组号

统一用英文字母“A、B、C”表示。

3. 采样序号

以乡镇为单位的采样顺序编号，3位数，不足3位，前面补：“0”。野外现场填写。

4. 采样目的

分为一般农化样（G），试验田基础样（E），示范田基础样（D），农户调查样（F），其他样品（T）。野外现场填写。

5. 采样日期

本次采样时间，8位数，格式为“yyyy-mm-dd”。

6. 上次采样日期

距离本次采样最近的一次，填写方法同上。

7. 乡（镇）名称

采样点所在乡或相当于乡的行政区划名称，用全称，现场填写。

8. 村组名称

采样点所在村或相当于村的行政区划名称，统一加“村”。

9. 邮政编码

采样点所在乡镇的邮政编码。

10. 农户名称

调查地块承包户户主姓名。

11. 地块名称

指农田单个地块名称。

12. 地块位置

可分为：村北、村东北、村东、村东南、村南、村西南、村西、村西北等。

13. 距村距离

大致数字，如：距村 250m。

14. 经度和纬度

根据 GPS 定位信息填写，如：31：35：40.2。

15. 海拔高度

可根据 GPS 定位信息填写。

16. 地貌类型

统一按“浙江省地貌类型划分及指标”规定的标准和内容填写，云和县与景宁县共涉及云和盆地、溪谷、低山、丘陵、中山 5 种地貌类型。

17. 地形部位

可根据本地具体情况划分。

18. 地面坡度

采样点所在图斑的坡度，大致数字。

19. 田面坡度

分为 <3、3 ~6、6 ~10、10 ~15、15 ~25、≥25。

20. 坡向

可分为平地，北、东北、东、东南、南、西南、西、西北等。

21. 通常地下水位

无法获得，空。

22. 最高地下水位

从第二次土壤普查剖面表中获得。

23. 最低地下水位

从第二次土壤普查剖面表中获得。

24. 常年降雨量

单位为 mm，从丽水市气象局获得。

25. 常年有效积温

单位为℃，从丽水市气象局获得。

26. 常年无霜期

单位为 d，从丽水市气象局获得。

27. 农田基础设施

分为完全配套、配套、基本配套、不配套、无设施。

28. 排水能力

强、中、弱。

29. 灌溉能力

分为充分满足、一般满足、无灌溉条件。

30. 水源条件

分为水库、井水、河水、湖水、塘堰、集水窖坑、无。

31. 输水方式

分为提水、自流，土渠、衬渠、U 型槽、固定管道、移动管道、简易管道、直灌、无。用“提水”或“自流” +

"XXXX"表示。

32. 灌溉方式

分为喷灌、滴灌、渗灌、沟灌、畦灌、漫灌、膜灌、无。

33. 熟制

分为常年生、一年一熟、一年二熟、一年三熟、一年四熟、两年一熟、两年三熟、三年一熟、四年一熟等。

34. 典型种植制度

云和县主要种植制度分为稻、稻－稻、油－稻、麦－稻、油－稻－稻、肥－稻－稻、菜－稻等。

35. 常年产量水平

单位为kg/亩，是前三年的年度平均产量水平，种植其他作物，折算成全年粮食产量。

36. 土类、亚类、土属、土种

按照第二次土壤普查土壤分类系统填写。

37. 俗名

当地群众给土壤的通俗名称。

38. 成土母质

滨海沉积、河海沉积、湖沼沉积、河流冲积、坡积再积、残积物。

39. 剖面构型

水田为A－Ap－W－C、A－Ap－Gw－G、A－Ap－P－C、A－Ap－C、A－Ap－G共5种，旱地为A－［B］－C、A－［B］C－C、A－C共3种。

40. 土壤质地

手测法，分为砂土、砂壤、壤土、黏壤、黏土。

41. 土壤结构

分为无、团粒状、微团粒、块状、团块状、核状、柱状、粒状、棱柱状、片状、鳞片状、透镜状等。

42. 障碍因素

分为无明显障碍、灌溉改良型、渍潜稻田型、盐碱耕地型、坡地梯改型、渍涝排水型、沙化耕地型、障碍层次型（砂漏、黏隔、漂白）、瘠薄培肥型。

43. 侵蚀程度

分为无明显侵蚀、轻度侵蚀、中度侵蚀、强度侵蚀、剧烈侵蚀。

44. 采样深度

视情况而定。

45. 田块面积

指调查采样地块单丘农田的面积。

46. 代表面积

指采样点在一个村或一个乡代表的土种面积。

47. 来年种植意向

记录计划种植每季作物的名称、品种名称和目标（期望）产量。

（二）农户施肥情况调查表的填写（表3－2）

1. 生长季节

分为第一季作物、第二季作物、第三季作物。

2. 作物名称

分为一季稻、双季早稻、双季晚稻、油菜、水果、茶叶和蔬菜等。

表 3－1　测土配方施肥采样地块基本情况调查表

统一编号：			调查组号：		采样序号：	
采样目的：			采样日期：		上次采样日期：	
地理位置	省（市）名称		地（市）名称		县（旗）名称	
	乡（镇）名称		村组名称		邮政编码	
	农户名称		地块名称		电话号码	
	地块位置		距村距离（m）		/	/
	纬度（度：分：秒）		经度（度：分：秒）		海拔高度（m）	
自然条件	地貌类型		地形部位		/	/
	地面坡度（度）		田面坡度（度）		坡向	
	通常地下水位（m）		最高地下水位（m）		最深地下水位（m）	
	常年降雨量（mm）		常年有效积温（℃）		常年无霜期（d）	
生产条件	农田基础设施		排水能力		灌溉能力	
	水源条件		输水方式		灌溉方式	
	熟制		典型种植制度		常年产量水平	
土壤情况	土类		亚类		土属	
	土种		俗名		/	/
	成土母质		剖面构型		土壤质地（手测）	
	土壤结构		障碍因素		侵蚀程度	
	耕层厚度（cm）		采样深度（cm）		/	/
	田块面积（亩）		代表面积（亩）		/	/
来年种植意向	茬口	第一季	第二季	第三季	第四季	第五季
	作物名称					
	品种名称					
	目标产量					
采样调查单位	单位名称				联系人	
	地址				邮政编码	
	电话		传真		采样调查人	
	E－Mail					

3. 品种名称

按实际情况填写。

4. 播种日期

指开始播、种、栽日期，如 2009 - 09 - 09。水稻统一为移栽到大田的日期。

5. 收获日期

完成收获的日期，如 2009 - 10 - 09。

6. 产量水平

该作物在该地区同等肥力水平条件下，前 3 年的平均产量，单位为 kg/亩。

7. 生长期内降水次数和生长期内降水量

不填。

8. 生长期内灌水次数和生长期内灌水总量

不填。

9. 灾害情况

分为风、雪、冷、冻、霜、雹、旱、涝、病、虫、畜、人等。如果有多种灾害，请用"+"连接。

10. 推荐施肥情况

包括推荐单位性质（分为技术推广部门、科研教学部门、肥料企业、其他部门）、推荐单位名称、推荐施肥目标产量、推荐施肥化肥（N、P_2O_5、K_2O、其他元素）用量，推荐施肥有机肥名称和用量及施肥成本。

11. 实际施肥总体情况

包括实际产量、实际肥料成本、化肥（N、P_2O_5、K_2O、其他元素）实际用量、有机肥名称和实际用量等。

12. 实际施肥明细

包括施肥序次、施肥时期、肥料名称。

表 3–2 农户施肥情况调查表

统一编号：

<table>
<tr><td rowspan="4">施肥相关情况</td><td colspan="2">生长季节</td><td></td><td colspan="3">作物名称</td><td></td><td colspan="2">品种名称</td><td></td></tr>
<tr><td colspan="2">播种季节</td><td></td><td colspan="3">收获日期</td><td></td><td colspan="2">产量水平</td><td></td></tr>
<tr><td colspan="2">生长期内降水次数</td><td></td><td colspan="3">生长期内降水总量</td><td></td><td colspan="2">/</td><td>/</td></tr>
<tr><td colspan="2">生长期内灌水次数</td><td></td><td colspan="3">生长期内灌水总量</td><td></td><td colspan="2">灾害情况</td><td></td></tr>
<tr><td rowspan="5">推荐施肥情况</td><td colspan="2">是否推荐施肥指导</td><td></td><td colspan="2">推荐单位性质</td><td colspan="2"></td><td>推荐单位名称</td><td colspan="2"></td></tr>
<tr><td rowspan="4">配方内容</td><td rowspan="3">目标产量(kg/亩)</td><td rowspan="3">推荐肥料成本(元/亩)</td><td colspan="5">化肥(kg/亩)</td><td colspan="2">有机肥(kg/亩)</td></tr>
<tr><td colspan="3">大量元素</td><td colspan="2">其他元素</td><td rowspan="2">肥料名称</td><td rowspan="2">实物量</td></tr>
<tr><td>N</td><td>P_2O_5</td><td>K_2O</td><td>养分名称</td><td>养分用量</td></tr>
<tr><td></td><td></td><td></td><td></td><td></td><td></td><td></td><td></td><td></td></tr>
<tr><td rowspan="5">实际施肥总体情况</td><td rowspan="3">实际产量(kg/亩)</td><td rowspan="3">实际肥料成本(元/亩)</td><td rowspan="3">化肥(kg/亩)</td><td colspan="5">化肥(kg/亩)</td><td colspan="2">有机肥(kg/亩)</td></tr>
<tr><td colspan="3">大量元素</td><td colspan="2">其他元素</td><td rowspan="2">肥料名称</td><td rowspan="2">实物量</td></tr>
<tr><td>N</td><td>P_2O_5</td><td>K_2O</td><td>养分名称</td><td>养分用量</td></tr>
<tr><td></td><td></td><td></td><td></td><td></td><td></td><td></td><td></td><td></td><td></td></tr>
<tr><td>汇总</td><td></td><td></td><td></td><td></td><td></td><td></td><td></td><td></td><td></td></tr>
</table>

（续表）

<table>
<tr><td rowspan="18">实际施肥明细</td><td rowspan="18">施肥明细</td><td rowspan="2">施肥序次</td><td rowspan="2">施肥时期</td><td rowspan="2" colspan="3">项目</td><td colspan="6">施肥情况</td></tr>
<tr><td>第一种</td><td>第二种</td><td>第三种</td><td>第四种</td><td>第五种</td><td>第六种</td></tr>
<tr><td rowspan="8" colspan="2">第一次</td><td colspan="3">肥料种类</td><td></td><td></td><td></td><td></td><td></td><td></td></tr>
<tr><td colspan="3">肥料名称</td><td></td><td></td><td></td><td></td><td></td><td></td></tr>
<tr><td rowspan="5">养分含量情况(%)</td><td rowspan="3">大量元素</td><td>N</td><td></td><td></td><td></td><td></td><td></td><td></td></tr>
<tr><td>P_2O_5</td><td></td><td></td><td></td><td></td><td></td><td></td></tr>
<tr><td>K_2O</td><td></td><td></td><td></td><td></td><td></td><td></td></tr>
<tr><td rowspan="2">其他元素</td><td>名称</td><td></td><td></td><td></td><td></td><td></td><td></td></tr>
<tr><td>含量</td><td></td><td></td><td></td><td></td><td></td><td></td></tr>
<tr><td colspan="3">实物量(kg/亩)</td><td></td><td></td><td></td><td></td><td></td><td></td></tr>
<tr><td rowspan="8" colspan="2">第二次</td><td colspan="3">肥料种类</td><td></td><td></td><td></td><td></td><td></td><td></td></tr>
<tr><td colspan="3">肥料名称</td><td></td><td></td><td></td><td></td><td></td><td></td></tr>
<tr><td rowspan="5">养分含量情况(%)</td><td rowspan="3">大量元素</td><td>N</td><td></td><td></td><td></td><td></td><td></td><td></td></tr>
<tr><td>P_2O_5</td><td></td><td></td><td></td><td></td><td></td><td></td></tr>
<tr><td>K_2O</td><td></td><td></td><td></td><td></td><td></td><td></td></tr>
<tr><td rowspan="2">其他元素</td><td>名称</td><td></td><td></td><td></td><td></td><td></td><td></td></tr>
<tr><td>含量</td><td></td><td></td><td></td><td></td><td></td><td></td></tr>
<tr><td colspan="3">实物量(kg/亩)</td><td></td><td></td><td></td><td></td><td></td><td></td></tr>
</table>

三、样品检测

（一）仪器设备

目前，有土肥化验室有275m^2，现有副高职称人员3名，中级职称人员1名，初级职称人员1名，在测土配方施肥项目的支持下，2009年共投资65万元购置了火焰-锅炉原子吸收分光光度计、消解仪、紫外分光光度计等一批土肥分析设备，提高了土壤检测水平，2010年又投入测土配方施肥项目资金购置原子荧光光度计一套，2014年实验室整体搬迁至丽水市农业科技大楼并重新规划改造，具备独立检测土壤、植物等20余项数据的能力。

（二）严格分析质量

①定期使用有证标准物质进行监控或次级标准物质进行内部质量控制。

②参加实验室间比对或能力验证。

③使用相同或不同方法的重复测试。

④对保留样品进行复验。

⑤某一样品不同项目测试结果的相关性分析。

⑥严格按规定的标准、方法进行测试。

⑦标准溶液统一配制，2个月标定一次，重现性是否完好。

⑧每批样按规定做空白样、平行，同时做质控样。

⑨对列入强制检定的仪器设备每年检定，不能检定的进行自校。

（三）严格数据的记录、校核和审核

①检测原始记录应包含足够的信息以保证其能够再现。

②参与抽样、样品准备以及测试分析、核对的人员均应在

记录上签名。

③应在检测过程中及时填写检测原始记录，不得事后补填或抄填。

④记录的更改应在原有记录上更改进行，不得覆盖原有记录的可见程度，并由更改的实施者签名或盖章。必要时，应注明更改原因。

⑤填表人员由县农业局统一培训，指定专业技术人员担任。

⑥所有野外填写项目必须在野外现场填写，不留空项。

⑦农户施肥及种植制度由镇街负责填写，县农业局负责审核。

（四）检测项目与方法（表3－3）

表3－3　土样化验项目及分析方法

化验项目	前处理方法	分析方法及标准
容重	环刀取样	重量法 NY/T1121.4—2006
土壤机械组成	0.5mol/L 分散剂	比重法 NY/T1121.3—2006
水分	105±2℃，烘干6~8h	烘干法 NY/T52—1987
pH	无 CO_2 的蒸馏水浸提土液比＝1∶2.5	玻璃电极法 NY/T1121.2—2006
有机质	$H_2SO_4-K_2Cr_2O_7$ 氧化法	容量法 NY/T1121.6—2006
全氮	半微量开氏法	容量法 NY/T53—1987
有效磷	氟化铵－稀盐酸浸提（酸性土）	分光光度法 NY/T1121.7—2006
	碳酸氢钠浸提（石灰性土）	NY/T148—1990
速效钾	乙酸铵提取	火焰光度法 NY/T889—2004
阳离子交换量	乙酸钙交换（石灰性土）	容量法 NY/T1121.5—2006
	乙酸铵交换（中性、酸性土壤）	土壤分析技术规范

（续表）

化验项目	前处理方法	分析方法及标准
水溶性盐总量	无 CO_2 去离子水浸提、水土比＝5∶1	重量法 NY/T1121.16—2006
中微量元素	M3 通用浸提剂浸提	ICP－AES 法测定

第二节　评价依据及方法

耕地地力评价是指耕地在一定利用方式下，在各种自然要素相互作用下所表现出来的潜在生产能力的评价，揭示耕地潜在生物生产能力的高低。由于在一个较小的区域范围内（县域），气候因素相对一致，因此，耕地地力评价可以根据所在县域的地形地貌、成土母质、土壤理化性状、农田基础设施等因素相互作用表现出来的综合特征，揭示耕地潜在生物生产力，而作物产量是衡量耕地地力高低的指标。

一、评价的目的和意义

开展耕地地力评价是测土配方施肥补贴项目的一项重要内容，是摸清区域耕地资源状况，提高耕地利用效率，促进现代农业发展的重要基础工作。耕地地力评价是土壤肥料工作的基础，是加强耕地质量建设、提高农业综合生产能力的前提。开展耕地地力评价工作是为了查清耕地基础生产能力、土壤肥力状况、土壤障碍因素、土壤环境质量状况等。并对耕地进行合理评价，为粮食安全发展规划、农业结构调整规划、耕地质量保护与建设、无公害农产品生产、科学施肥以及退耕还林还草、节水农业、生态建设等提供科学依据，从而有力地促进农业可持续发展。

二、评价依据

按照农业部办公厅、财政部办公厅《关于印发2010年全国测土配方施肥补贴项目实施指导意见的通知》（农办财〔2010〕47号）以及项目县与农业部签订的“测土配方施肥资金补贴项目”合同要求，各项目县应做好耕地地力评价工作。

耕地地力评价的依据为NY/T309—1996《全国耕地类型区、耕地地力等级划分》及《浙江省省级耕地地力分等定级技术规程》。

三、评价技术流程

耕地地力评价工作分为4个阶段，一是准备阶段，二是调查分析阶段，三是评价阶段，四是成果汇总阶段。

（一）准备阶段

1. 组织建设

成立领导小组和工作办公室，确定协作单位，邀请技术专家成立调查采样小组。

2. 制订调查方案

制订云和县与景宁县耕地地力调查与评价实施方案。

3. 收集资料

收集相关文字、图片、图件、实物资料。

4. 技术培训

组织县、乡专业人员进行有关专业理论与操作规范培训。

5. 相关野外工作的工具用品采购

野外采土工具、用品、调查表格、办公用品等物资的采购、发放。

（二）调查分析阶段

1. 设置取样点

确定两县取样点点数，依五原则具体设置取样点。

2. 调查与取样

GPS 定位取样点，填写调查表格各项内容。

3. 分析化验

依据操作规程确定分析项目。

（三）评价阶段

1. 建立基础数据库

建立空间数据库，建立属性数据库。

2. 建立评价体系

确立评价方法、评价指标、评价单元，组合权重计算。

3. 审核调查与分析数据

4. 耕地地力评价

确定地力等级。

（四）成果汇总阶段

①编写工作报告

②编写技术报告

③编写专题报告

④建立耕地质量管理信息系统

⑤建立耕地质量提升技术信息系统

⑥编制调查成果数据册及图件

⑦审核验收及成果归档

四、评价指标

（一）县域耕地地力评价指标选择的原则

1. 稳定性原则

以便使根据此指标评判的农用地等别在一段时期内稳定。

2. 主导性原则

所选农用地分等定级指标应是对农用地质量起主要影响的因素，而且指标之间相关程度小。在众多的土地特性中，有些性质起主导作用，其他土地性质因其变化而变化。必须选择那些主导因素，即自变量作为诊断指标，以免重复计算。

3. 生产性原则

野外诊断指标应选取那些影响农用地生产性能的土地性质。

4. 空间变异性原则

所选择的农用地分等定级野外诊断指标必须是在空间上有明显变化的性质。

5. 标准化原则

最好是采用国家标准或行业标准，以便获取或利用已有的数据资料；如耕地分类根据《土地利用现状调查技术规程》，地形坡度按照《土壤侵蚀分类分级标准》，土壤盐化程度根据《全国第二次土壤普查盐渍土分级标准》。

6. 区域性原则

根据区域特点选取指标、指标分级、指标赋值、指标权重。云和县土地类型复杂，影响土地质量的因素各不相同。

7. 简单、易获取原则

所选指标应尽可能是野外可以鉴别的，或是可以从已有的土地资源调查成果资料或相关成果资料中提取的。

（二）耕地地力评价的指标体系

耕地地力评价指标体系包括3方面内容：一是评价指标，即从国家或省耕地地力评价因素中选取用于两县的评价指标；二是评价指标的权重和组合权重；三是单指标的隶属度，即每一指标不同表现状态下的分值。根据云和县耕地立地条件、土壤剖面性态、理化性状等特点，确定以下16个指标组成耕地地力评价指标体系：地貌类型、坡度、冬季地下水位、地表砾石度、土体剖面构型、耕层厚度、质地、容重、pH值、阳离子交换量、水溶性盐总量、有机质、有效磷、速效钾、排涝抗旱能力及主要障碍因子等16项因子。

（三）评价指标分级及分值确定

耕地地力评价单元是指潜在生产能力近似且边界封闭具有一定空间范围的耕地。根据耕地地力评价技术规范的要求，此次耕地地力评价单元采用县级土壤图（到土种级）和土地利用现状图叠加，进行综合取舍和技术处理后形成不同的单元。用土壤图（土种）和土地利用现状图（含有行政界限）叠加产生的图斑作为耕地地力评价的基本单元，使评价单元空间界线及行政隶属关系明确，单元的位置容易实地确定，同时同一单元的地貌类型及土壤类型一致，利用方式及耕作方法基本相同。将建立的各类属性数据和空间数据按照“县域耕地资源管理信息系统”的要求导入。并建立空间数据库和属性数据库连接，建成县域耕地资源管理信息系统。根据空间位置关系将单因素图中的评价指标提取并赋值给评价单元。

1. 地貌类型

水网平原	滨海平原/河谷平原大畈/低丘大畈	河谷平原	低丘	高丘/山地
1.0	0.8	0.7	0.5	0.3

2. 坡度

<3	3～6	6～10	10～15	15～25
1.0	0.8	0.7	0.4	0.1

3. 冬季地下水位（距地面 cm）

<20	20～50	50～80	80～100	>100
0.1	0.4	0.8	0.9	1.0

4. 地表砾石度（>1mm 占%）

≤10	10～25	>25
1	0.5	0.2

5. 坡面构型

水田	A－Ap－W－C	A－Ap－P－C A－Ap－Gw－G	A－Ap－C A－Ap－G
	1.0	0.7	0.3
旱地	A－［B］－C	A－［B］C－C	A－C
	1.0	0.5	0.1

6. 耕层厚度（cm）

≤8.0	8.0～12	12～16	16～20	>20
0.3	0.6	0.8	0.9	1.0

7. 质地

砂土	壤土	黏壤土	黏土
0.5	0.9	1.0	0.7

8. 容重（g/cm³）

0.9～1.1	≤0.9/1.1～1.3	>1.3
1.0	0.8	0.5

9. pH 值

≤4.5	4.5～5.5	5.5～6.5	6.5～7.5	7.5～8.5	>8.5
0.2	0.4	0.8	1.0	0.7	0.2

10. 阳离子交换量（cmol（+）/kg）

5～10	10～15	15～20	>20
0.4	0.6	0.9	1.0

11. 水溶性盐总量（g/kg）

≤1	1～2	2～3	3～4
1.0	0.8	0.5	0.3

12. 有机质（g/kg）

≤10	10～20	20～30	30～40	>40
0.3	0.5	0.8	0.9	1.0

13. 有效磷（mg/kg）

Olsen 法

≤5	5～10	10～15	15～20/>40	20～30	30～40
0.2	0.5	0.7	0.8	0.9	1.0

Bray 法

≤7	7～12	12～18	18～25/>50	25～35	35～50
0.2	0.5	0.7	0.8	0.9	1.0

14. 速效钾（mg/kg）

≤50	50～80	80～100	100～150	>150
0.3	0.5	0.7	0.9	1.0

15. 排涝（抗旱）能力

排涝能力

一日暴雨一日排出	一日暴雨二日排出	一日暴雨三日排出
1.0	0.6	0.2

抗旱能力

>70 天	50～70 天	30～50 天	<30 天
1.0	0.8	0.4	0.2

16. 主要障碍因子

该指标作为地力评价的限制性指标，即若评价单元存在土体有障碍层或耕层中微量元素缺乏，或土壤污染等土壤障碍因子，影响农作物正常生长时，对其地力等级作降一个级别处理。

（四）确定指标权重

指标权重是指各项诊断指标对农用地质量影响的大小。权重越大，说明该性质对农用地质量的影响越大，权重越小，说明该性质对农用地质量的影响越小。从全国耕地地力评价因子总集66个因子中初步选取对当地比较重要的评价因子作为拟评因子，利用层次分析法（或专家打分法）确定单指标对耕地地力的权重。采用专家打分法确定各评价指标权重，总和为1.0；各评价指标对耕地生产能力的不同水平分值，最好的为1.0，最差的为0.1。对参与评价的16个指标进行了权重计算，确定云和县各指标权重分值，见表3-4。

表3-4　云和县耕地地力评价体系各指标权重

序号	指标	权重	序号	指标	权重
1	地貌类型	0.12	9	pH	0.06
2	坡度	0.05	10	阳离子交换量	0.08
3	剖面构型	0.05	11	水溶性盐总量	0.04
4	地表砾石度	0.06	12	有机质	0.07
5	冬季地下水位	0.05	13	有效磷（Bray法）	0.05
6	耕层厚度	0.07	14	速效钾	0.06
7	耕层质地	0.10	15	排涝或抗旱能力	0.10
8	容重	0.04	16	主要障碍因子	降一个等级

五、评价方法

（一）计算地力指数

采用线性加权法对所有评价指标数据进行隶属度计算，算出每一单元的耕地地力指数。计算公式为：

$$IFI = \sum (Fi \times wi) \quad (3-1)$$

其中：Σ 为求和运算符；Fi 为单元第 i 个评价因素的分值，wi 为第 i 个评价因素的权重，也即该属性对耕地地力的贡献率。

（二）划分地力等级

应用等距法确定耕地地力综合指数分级方案，将耕地地力等级分为三等六级。见表 3－5。

表 3－5　云和县耕地地力评价等级划分表

地力等级		耕地综合地力指数（IFI）
一等	一级	≥0.90
	二级	0.90～0.80
二等	三级	0.80～0.70
	四级	0.70～0.60
三等	五级	0.60～0.50
	六级	<0.50

六、地力评价结果的验证

2008 年，云和县根据浙江省政府要求和省政府领导指示精神，曾组织开展了 2.80 万亩标准农田的地力调查与分等定级、基础设施条件核查，明确了标准农田的数量和地力等级状况，掌握了标准农田质量和存在的问题。经实地详细核查，标准农田分等定级结果符合实际产量情况。在此基础上，从 2009 年起启动以吨粮生产能力为目标、以地力培育为重点的标准农田质量提升工程。

为了检验本次耕地地力的评价结果，我们采用经验法，以2008年标准农田分等定级成果为参考，借助GIS空间叠加分析功能，对本次耕地地力评价与2008年标准农田地域重叠部分的评价结果（分等定级类别）进行了吻合程度分析，结果表明，此次地力评价结果中属于标准农田区域的耕地其地力等级与标准农田分等定级结果吻合程度达60%，由此可以推断本次耕地地力评价结果是合理的。

第四章　耕地资源管理信息系统建立与应用

耕地资源信息系统以云和县行政区域内耕地资源为管理对象，主要应用地理信息系统技术对辖区的地形、地貌、土壤、土地利用、农田水利、土壤污染、农业生产基本情况、基本农田保护区等资料进行统一管理，构建耕地资源基础信息系统，并将此数据平台与各类管理模型结合，对辖区内的耕地资源进行系统的动态的管理，为农业决策者、农民和农业技术人员提供耕地质量动态变化、土壤适宜性、施肥咨询、作物营养诊断等多方位的信息服务。

第一节　资料收集与整理

在调研的基础上广泛收集相关资料。同一类资料不同时间、不同来源、不同版本、不同介质都应收集，以便将来相互检查、相互补充、相互佐证。耕地地力评价需收集的资料包括耕地土壤属性资料、耕地土壤养分资料、农田水利资料、社会经济统计资料、基础专题图件资料、野外调查资料以及其他与评价有关的资料。

资料收集整理的基本程序：收集→登记→完整性检查→可靠性检查→筛选→分类→编码→整理→归档。

资料收集与整理上坚持 3 个原则：要严控资料的准确完整；要注意资料的前后连贯；要把握数据的新旧对比。

第二节　空间数据库的建立

一、图件整理

图件资料有地形图（比例尺1：50 000地形图)、第二次土壤普查成果图、最新土壤养分图、耕地地力调查点位图、基本农田保护区规划图、土地利用现状图、农田水利分区图、行政区划图、地貌类型分区图（表4－1)。对收集的图件进行筛选、整理、命名、编号。

表4－1　资料收集一览表

类型	名称	来源
基本图件	云和县1：10 000 土地利用现状图	云和县国土局
	云和县行政区划图	云和县国土局
	云和县统计年鉴	云和县国土局
土壤普查资料	云和县土壤图	云和县国土局
	云和县土壤取样点位分布图	云和县国土局
	云和县土壤农化结果报告册	云和县国土局
地力评价调查资料	云和县地力评价取样地块调查表	云和县国土局
	云和县地力评价取样点化验结果表	云和县国土局

二、数据预处理

图形预处理是为简化数字化工作而按设计要求进行的图层要素整理与删选过程，预处理按照一定的数字化方法来确定，也是数字化工作的前期准备。

三、空间数据库内容

耕地资源管理信息系统空间数据库包含的主要矢量图层见表4-2。

表4-2 耕地资源管理信息系统空间数据库主要图层

序号	图层名称	图层类型
1	云和县行政区划图	面（多边形）
2	云和县行政注记	点
3	云和县行政界线图	线
4	云和县地貌类型图	面（多边形）
5	云和县交通道路图	线
6	云和县水系分布图	面（多边形）
7	云和县1：10 000土地利用现状图	面（多边形）
8	云和县基本农田保护规划图	面（多边形）
9	云和县土壤图	面（多边形）
10	云和县耕地地力评价单元图	面（多边形）
11	云和县耕地地力评价成果图	面（多边形）
12	云和县耕地地力调查点位图	点
13	云和县测土配方施肥采样点位图	点
14	云和县第二次土壤普查点位图	点
15	云和县各类土壤养分图	面（多边形）

第三节 属性数据库的建立

一、空间属性数据库结构定义

本次工作在满足《县域耕地资源管理信息系统数据字典》要求的基础上，根据浙江省实际加以适当补充，对空间属性信息数据结构进行了详细定义。下列表格分别描述了土地利用现状要素（表4－3）、土壤类型要素（表4－4）、耕地地力调查取样点要素（表4－5）、耕地地力评价单元要素的数据结构定义（表4－6）。

表4－3 土地利用现状图要素属性结构表

字段中文名	字段英文名	字段类型	字段长度	小数位	说明
目标标识码	FID	Int	10		系统自动产生
乡镇代码	XZDM	Char	9		
乡镇名称	XZMC	Char	20		
权属代码	QSDM	Char	12		指行政村
权属名称	QSMC	Char	20		指行政村
权属性质	QSXZ	Char	3		
地类代码	DLDM	Char	5	0	
地类名称	DLMC	Char	20	0	
毛面积	MMJ	Float	10	1	单位：m^2
净面积	JMJ	Float	10	1	单位：m^2

表 4-4 土壤类型图要素属性结构表

字段中文名	字段英文名	字段类型	字段长度	小数位	说明
目标标识码	FID	Int	10		系统自动产生
县土种代码	XTZ	Char	10		
县土种名称	XTZ	Char	20		
县土属名称	XTS	Char	20		
县亚类名称	XYL	Char	20		
县土类名称	XTL	Char	20		
省土种名称	STZ	Char	20		
省土属名称	STS	Char	20		
省亚类名称	SYL	Float	20		
省土类名称	STL	Float	20		
面积	MJ	Float	10	1	
备注	BZ	Char	20		

表 4-5 耕地地力调查取样点位图要素属性结构表

字段中文名	字段英文名	字段类型	字段长度	小数位	说明
目标标识码	FID	Int	10		系统自动产生
统一编号	CODE	Char	19		
采样地点	ADDR	Char	20		
东经	EL	Char	16		
北纬	NB	Char	16		
采样日期	DATE	Date			
地貌类型	DMLX	Char	20		
地形坡度	DXPD	Float	4	1	
地表砾石度	LSD	Float	4	1	

（续表）

字段中文名	字段英文名	字段类型	字段长度	小数位	说明
成土母质	CTMZ	Char	16		
耕层质地	GCZD	Char	12		
耕层厚度	GCHD	Int			
剖面构型	PMGX	Char	12	1	
排涝能力	PLNL	Char	20		
抗旱能力	KHNL	Char	20		
地下水位	DXSW	Int	4		
CEC	CEC	Float	8	1	
容重	BD	Float	8	2	
水溶性盐总量	QYL	Float	8	2	
pH 值	pH	Float	8	1	
有机质	OM	Float	8	2	
有效磷	AP	Float	8	2	
速效钾	AK	Float	8	2	

表 4－6　耕地地力评价单元图要素属性结构表

字段中文名	字段英文名	字段类型	字段长度	小数位	说明
目标标识码	FID	Int	10		系统自动产生
单元编号	CODE	Char	19		
乡镇代码	XZDM	Char	9		
乡镇名称	XZMC	Char	20		
权属代码	QSDM	Char	12		
权属名称	QSMC	Char	20		
地类代码	DLDM	Char	5	0	

字段中文名	字段英文名	字段类型	字段长度	小数位	说明
地类名称	DLMC	Char	20	0	
毛面积	MMJ	Float	10	1	单位：m^2
净面积	JMJ	Float	10	1	单位：m^2
县土种代码	XTZ	Char	10		
县土种名称	XTZ	Char	20		
地貌类型	DMLX	Char	20		
地形坡度	DXPD	Float	4	1	
地表砾石度	LSD	Float	4	1	
耕层质地	GCZD	Char	12		
耕层厚度	GCHD	Int			
剖面构型	PMGX	Char	12		
排涝能力	PLNL	Char	20		
抗旱能力	KHNL	Char	20		
地下水位	DXSW	Int			
CEC	CEC	Float	8	2	
容重	BD	Float	8	2	
水溶性盐	QYL	Float	8	2	
pH 值	pH	Float	3	1	
有机质	OM	Float	8	2	
有效磷	AP	Float	8	2	
速效钾	AK	Float	8	2	
障碍因子	ZA	Char	20		
地力指数	DLZS	Float	6	3	
地力等级	DLDJ	Int	1		

二、空间数据与属性数据的入库

空间属性数据库的建立与入库可独立于空间数据库和地理信息系统，可以在 Excel、Access、FoxPro 下建立，最终通过 ArcGIS 的 Join 工具实现数据关联。具体为：在数字化过程中建立每个图形单元的标识码，同时在 Excel 中整理好每个图形单元的属性数据，接着将此图形单元的属性数据转化成用关系数据库软件 FoxPro 的格式，最后利用标识码字段，将属性数据与空间数据在 ArcMap 中通过 Join 命令操作，这样就完成了空间数据库与属性数据库的连接，形成统一的数据库，也可以在 ArcMap 中直接进行属性定义和属性录入。最后均导入到云和县耕地资源管理信息系统中以建立基础空间数据库。通过空间数据文件与属性数据文件同名字段实现空间数据库与属性数据库的连接并可进行空间数据库与属性数据库的实时更新。

第四节　确定评价单元及单元要素属性

一、确定评价单元

由于本次工作采用的基础图件－土地利用现状图比例尺足够大，能够满足单元内部属性基本一致的要求，如土壤类型的一致性，因此，从 1∶10 000土地利用现状图上提取耕地部分，形成耕地地力评价单元图，基本评价单元图上共有 1 204个，这样更方便与国土部门数据的衔接管理。

二、单元因素属性赋值

耕地地力评价单元图除了从土地利用现状单元继承的属性外，对于参与耕地地力评价的因素属性及土壤类型等必须根据不同情况通过不同方法进行赋值。

（一）空间叠加方式

对于地貌类型、排涝抗旱能力等较大区域连片分布的描述型因素属性，可以先手工描绘出相应的底图，然后数字化建立各专题图层，如地貌分区图、抗旱能力分区图等，再把耕地地力评价单元图与其进行空间叠加分析，从而为评价单元赋值。同样方法，从土壤类型图上提取评价单元的土壤信息。

（二）以点代面方式

对于剖面构型、质地等一般描述型属性，根据调查点分布图，利用以点代面的方法给评价单元赋值。当单元内含有一个调查点时，直接根据调查点属性值赋值；当单元内不包含调查点时，一般以土壤类型作为限制条件，根据相同土壤类型中距离最近的调查点属性值赋值；当单元内包含多个调查点时，需要对点作一致性分析后再赋值。

第五节　耕地资源管理系统建立与应用

结合县域耕地资源管理需要，基于 GIS 组件开发了耕地资源信息系统，除基本的数据入库、数据编辑、专题图制作外，主要包括取样点上图、化验数据分析、耕地地力评价、成果统计报表输出、作物配方施肥等专业功能。利用该系统开展了耕地地力评价、土壤养分状况评价、耕地地力评价成果统计分析及成果专题图件制作。在此基础上，利用大量的田间试验分析结果，优化作物测土配方施肥模型参数，形成本地化的作物配方施肥模型，指导农民科学施肥。

为了更好地发挥耕地地力评价成果的作用，更便捷地向公众提供耕地资源与科学施肥信息服务，开发了网络版耕地地力管理与配方施肥信息系统，只需要普通浏览器就可访问。该系统主要对外发布耕地资源分布、土壤养分状况、地力等级状况、耕地地力评价调查点与测土配方施肥调查点有关土壤元素化验信息，以及主要农业产业布局，重点是开展本地主要农作物的科学施肥咨询。

依托技术协作单位开发的云和县耕地地力管理与配方施肥信息系统，实现了区域耕地资源管理信息系统的数据共享，建立了县级1：50 000和乡镇级1：10 000两种比例尺的耕地地力评价数据库，实现了耕地资源、土壤养分信息的高效有序管理，其中乡镇级1：10 000比例尺的耕地地力评价系统实用性更强。

第五章　耕地土壤属性与评价

第一节　有机质和大量元素

云和县耕地面积63 468亩，园地面积47 278亩。各乡镇地区间土壤养分含量不同，地力水平存在一定差异，云和县土壤养分的空间差异见表5－1。随着化肥工业的发展，化肥的品种和数量大幅度地增加，成为培肥地力、作物增产的一项重要措施。

1991—1995年，云和县化肥施用量按实物量统计，1991年施用化肥总量8 691t，其中：氮肥5 382t，磷肥2 133t，钾肥527t，复合肥649t；1992年施用化肥总量8 299t，其中氮肥4 919t，磷肥1 906t，钾肥194t，复合肥1 280t；1993年施用化肥总量7 669t，其中：氮肥4 899t，磷肥1 280t，钾肥176t，复合肥1 314t；1994年施用化肥总量9 083t，其中：氮肥5 973t，磷肥1 382t，钾肥274t，复合肥1 454t；1995年施用化肥总量13 061t，氮肥8 510t，磷肥1 505t，钾肥204t，复合肥2 842t。

2010—2012年，2010年云和县化肥施用量按实物量统计，合计为3 487.2t，其中：氮肥1 243.9t，磷肥331.9t，钾肥799.9t，复合肥1 131.5t；2011年云和县施用化肥按实物量统计，合计为3 634.3t，其中：氮肥1 376t，磷肥404.2t，钾肥471.2t，复合肥1 382.9t；2012年云和县施用化肥按实物量统计，合计为3 764t，其中：氮肥 1 380t，磷肥 363t，钾肥 282t，复合肥 1 739t。

耕地土壤的属性是耕地地力的基础，对供肥能力和农作物的生长有很大的影响。本章对云和县耕地土壤的现状进行全面的分析。

表 5－1　云和县土壤养分的空间差异

乡镇	统计值	pH	CEC（cmol（+）/kg）	有机质（g/kg）	碱解氮（mg/kg）	有效磷（mg/kg）	速效钾（mg/kg）
安溪畲族乡	范围	4.5~5.4	7.77~8.56	26.78~51.35	114.18~254.05	12.81~419.90	31.09~186.55
	平均值	4.95	8.16	39.77	165.17	156.73	95.69
赤石乡	范围	4.6~6.4	7.67~8.89	18.51~57.15	96.92~203.59	10.68~328.43	24.54~269.00
	平均值	5.5	8.26	33.71	138.09	91.12	73.98
崇头镇	范围	4.7~6.7	4.86~9.39	20.12~76.12	123.61~287.42	11.84~250.47	16.37~161.56
	平均值	5.7	7.22	38.06	175.55	72.08	41.33
大湾乡	范围	4.7~5.6	6.45~7.12	25.83~42.77	131.79~216.89	3.04~248.08	13.02~93.78
	平均值	5.15	6.81	35.67	168.13	95.60	47.86
大源乡	范围	4.9~5.5	7.41~8.50	25.47~49.20	114.75~216.89	19.05~262.17	38.38~150.99
	平均值	5.2	8.01	31.98	148.02	78.29	79.32
黄源乡	范围	4.1~8.3	7.07~7.64	28.29~69.53	125.64~270.50	24.02~154.85	44.04~449.68
	平均值	6.2	7.25	49.20	194.54	87.15	131.91
紧水滩镇	范围	4.6~6.5	7.50~8.48	15.60~47.11	102.99~194.69	2.52~181.08	41.57~341.29
	平均值	5.55	8.05	29.27	143.20	52.67	97.44
沙铺乡	范围	4.7~5.7	6.25~7.41	30.60~70.86	127.47~263.20	34.03~275.49	27.35~176.64
	平均值	5.05	7.11	49.49	206.16	126.61	78.82
石塘镇	范围	4.4~5.8	7.84~9.50	15.08~50.51	85.10~202.48	3.97~204.63	18.28~135.49
	平均值	5.1	8.44	29.58	145.10	61.69	65.82

（续表）

乡镇	统计值	pH	CEC（cmol（+）/kg）	有机质（g/kg）	碱解氮（mg/kg）	有效磷（mg/kg）	速效钾（mg/kg）
雾溪畲族乡	范围	3.5～5.7	6.72～9.20	31.61～72.16	102.42～278.38	7.81～373.18	43.02～419.79
	平均值	4.6	8.06	43.68	162.29	124.44	108.04
云丰乡	范围	4.5～5.5	6.83～7.56	27.31～47.28	85.57～242.88	12.11～120.12	31.26～254.61
	平均值	5.0	7.27	39.97	174.68	41.80	69.39
云和镇	范围	3.9～7.4	6.12～8.89	12.39～52.61	42.20～251.69	6.03～704.43	18.91～379.77
	平均值	5.65	8.06	32.18	133.22	140.21	104.03
云坛乡	范围	4.2～7.2	6.84～8.70	23.43～50.40	107.47～254.22	5.95～273.49	25.93～323.41
	平均值	5.7	8.19	34.91	145.98	91.76	94.78
朱村乡	范围	3.3～4.8	5.90～9.07	8.55～54.83	70.38～232.18	2.82～239.45	31.96～332.91
	平均值	4.05	7.62	30.20	142.90	68.65	105.73

一、土壤有机质

土壤有机质包括动、植物死亡以后遗留在土壤里的残体、施入的有机肥料以及经过微生物作用所形成的腐殖质，是土壤养分和土壤质量的主要指标。

云和县土壤耕层有机质含量平均值为36.0g/kg，变化幅度在7.4～85.0g/kg，属于中等偏上水平（表5－2）。

云和县各类土壤有机质平均含量差异明显。在各类土壤类型中，土壤有机质最高的是丘陵重石质中壤土，平均含量达到80g/kg以上；土壤有机质最低的是盆地重石质中土壤，平均含量仅为7.4g/kg。

土壤有机质与地貌类型关系相当密切。不论是山地土壤或者是水稻土，不同地貌类型土壤有机质含量之间均有较大差异。其中以丘陵地貌类型的土壤有机质最高，以盆地地貌类型的土壤有机质次之，以低山地貌类型的土壤有机质再次之，以中山地貌类型的土壤有机质最低。

表 5-2　耕地土壤有机质含量情况

编号	有机质含量（g/kg）	耕地及园地面积（亩）	占百分比（%）	备注
1	>40	20 167	18.2	
2	30~40	55 024	49.7	
3	20~30	33 156	29.9	
4	10~20	2 340	2.2	
5	≤10	0	0.0	
	合计	110 747	100	

不同的土类的平均有机质由高到低依次为黄壤（37.17g/kg）>水稻土（34.27g/kg）>红壤（32.36g/kg）>岩性土（30.01g/kg）>潮土（22.08g/kg）。

二、土壤碱解氮

氮素在土壤中主要以有机态存在，土壤中的无机氮主要是铵盐、硝酸盐和极少量的亚硝酸盐，它们容易被作物吸收利用，一般只占全氮量的1%~2%。水解性氮（碱解氮）包括无机态氮和一部分有机态氮中易分解的氨基酸、酰胺和易水解的蛋白质，代表土壤有效性氮素，是土壤养分和土壤质量的最主要指标之一。

云和县土壤耕层碱解氮含量平均值为145.52mg/kg，变化幅度在42.40~287.42mg/kg，属于极高水平（表5-3）。

表 5-3　耕地土壤碱解氮含量情况

编号	碱解氮含量（mg/kg）	耕地及园地面积（亩）	占百分比（%）	备注
1	≤50	31	0.1	
2	50～100	2 151	1.9	
3	100～150	63 866	57.7	
4	150～200	37 798	34.1	
5	200～250	5 738	5.2	
6	250～300	1 163	1.0	
	合计	110 747	100	

云和县土壤的表层有机质含量与碱解氮含量之间普遍存在显著的正相关关系，因此全县土壤全氮含量分布趋势与有机质含量分布趋势一致。有机质含量高的土壤类型，全氮含量较高。

不同的土类的平均土壤碱解氮由高到低依次为黄壤（156.41mg/kg）＞水稻土（151.74mg/kg）＞红壤（142.01mg/kg）＞潮土（134.64mg/kg）＞岩性土（131.65mg/kg）。

三、土壤有效磷（Bray 法）

有效磷是土壤养分和土壤质量的最主要指标之一。土壤中有效磷包括水溶性磷〔如 $Ca(H_2PO_4)_2$ 等〕和弱酸溶性磷（如 $CaHPO_4$ 等），是可以被作物直接吸收利用的。

云和县土壤耕层有效磷含量平均值为 94.6mg/kg，变化幅度在 0.3～723mg/kg，属于较高水平（表 5-4）。

表 5－4　耕地土壤有效磷含量情况

编号	有效磷含量（mg/kg）	耕地及园地面积（亩）	占百分比（%）	备注
1	>50	80 544	72.7	
2	35～50	13 087	11.8	
3	25～35	6 771	6.1	
4	18～25	3 864	3.5	
5	12～18	3 284	3.0	
6	7～12	2 289	2.1	
7	≤7	908	0.8	
	合计	110 747	100	

实践表明，连续大量施用磷肥，能迅速提高土壤中的有效磷含量。因为磷素容易被土壤固定，在土体内移动很小，不易流失。经常施用磷肥，肥料中的部分磷素会因土壤固定和吸附作用而在土壤中逐渐积累，以致大多数水稻田的全磷和有效磷含量显著高于同一母质的山地土壤。

不同的土类的平均土壤有效磷由高到低依次为岩性土（124.20mg/kg）>水稻土（72.74mg/kg）>红壤（66.69mg/kg）>黄壤（64.73mg/kg）>潮土（52.65mg/kg）。

四、土壤速效钾

土壤速效钾是指水溶性钾和黏土矿物晶体外表面吸持的交换性钾，这一部分钾素植物可以直接吸收利用，对植物生长及其品质起着重要作用。其含量水平不仅反映土壤的供钾能力和程度，而且在一定程度上是土壤质量的主要指标之一。

云和县土壤耕层速效钾含量平均值为98.0mg/kg，变化幅度为11.0～806.0mg/kg，属于中等水平（见表5－5）。

表5－5　耕地土壤速效钾含量情况

编号	速效钾含量（mg/kg）	耕地及园地面积（亩）	占百分比（%）	备注
1	>150	12 147	11.0	
2	100～150	21 907	19.8	
3	80～100	20 085	18.1	
4	50～80	39 760	35.9	
5	≤50	16 848	15.2	
	合计	110 747	100	

土壤速效钾大部分来自于母质。母质类型对于土壤速效钾含量高低有较大影响。本县提供土壤速效钾能力最强的母质是紫红色砂岩、中基性火山岩，其次是花岗岩、凝灰岩、流纹岩，最弱的是第四纪红色黏土、第四纪河流堆积物。

不同的土类的平均土壤速效钾由高到低依次为岩性土（97.39mg/kg）>黄壤（96.60mg/kg）>水稻土（96.38mg/kg）>红壤（94.44mg/kg）>潮土（81.38mg/kg）。

第二节　微量元素

一、土壤有效铁

云和县土壤有效铁的含量为8.5～77.8mg/kg，平均

36.6mg/kg，属高水平。有效铁含量 < 4.5mg/kg，占总数的0.00%；有效铁含量在4.5~20mg/kg，占总数的1.41%；有效铁含量>20mg/kg，占总数的98.59%。各土种的有效铁含量均极为丰富，不存在作物缺铁的问题（表5-6）。

表5-6　耕地土壤有效铁含量情况

编号	有效铁含量（mg/kg）	耕地及园地面积（亩）	占百分比（%）	备注
1	>20	109 183	99.0	
2	4.5~20	1 564	1.0	
3	<4.5	0	0.0	
	合计	110 747	100	

二、土壤有效锰

云和县土壤有效锰的含量为1.0~61.6mg/kg，平均14.1mg/kg，属高水平。有效锰含量 < 5mg/kg，占总数的14.81%；有效锰含量在5~15mg/kg，占总数的53.70%；有效锰含量在15~30mg/kg，占总数的23.65%；有效锰含量>30mg/kg，占总数的7.84%。其中：低于临界值（5.0mg/kg）在红泥土、红紫砾土、砂黏质红土等土种的个别样品，其他土种有效锰含量均在中等以上，一般不存在作物缺锰的问题（表5-7）。

表 5-7　耕地土壤有效锰含量情况

编号	有效锰含量（mg/kg）	耕地及园地面积（亩）	占百分比（%）	备注
1	>30	8 685	7.84	
2	15～30	26 190	23.65	
3	5～15	59 467	53.70	
4	<5	16 405	14.81	
	合计	110 747	100	

三、土壤有效铜

云和县土壤有效铜的含量为 0.06～19.41mg/kg，平均 1.38mg/kg，属高水平。有效铜含量<0.2mg/kg，占总数的 9.95%；有效铜含量在 0.2～1.0mg/kg，占总数的 43.09%；有效铜含量在 1.0～1.8mg/kg，占总数的 24.11%；有效铜含量>1.8mg/kg，占总数的 22.85%。其中：有效铜的含量低于临界值（0.2mg/kg）的土样占总样本数的 9.95%，大多集中在红紫砾土、石砂土、紫砂土的部分样品中，其他土种有效铜含量均在中等以上，故一般不存在作物缺铜的问题（表 5-8）。

表 5-8　耕地土壤有效铜含量情况

编号	有效铜含量（mg/kg）	耕地及园地面积（亩）	占百分比（%）	备注
1	>1.8	25 311	22.85	
2	1.0～1.8	26 696	24.11	
3	0.2～1.0	47 717	43.09	

（续表）

编号	有效铜含量（mg/kg）	耕地及园地面积（亩）	占百分比（%）	备注
4	<0.2	11 023	9.95	
	合计	110 747	100	

四、土壤有效锌

云和县土壤有效锌的含量在 0.14～18.82mg/kg，平均 4.7mg/kg，属高水平。土壤有效锌含量<0.5mg/kg，占总数的 0.83%；有效锌含量在 0.5～1.0mg/kg，占总数的 0.98%；有效锌含量在 1.0～3.0mg/kg，占总数的 27.07%；有效锌含量>3.0mg/kg，占总数的 71.11%。但由于各个土种有效锌含量高低相差很大，缺锌土壤仍占有一定比例（表 5－9）。土壤有效锌含量和土壤母质类型有密切关系，以中基性火山岩、河流冲积物发育的土壤有效锌含量较高，以花岗岩、凝灰岩、流纹岩及红砂岩发育的土壤有效锌含量较低，并可能出现缺锌现象。

表 5－9　耕地土壤有效锌含量情况

编号	有效锌含量（mg/kg）	耕地及园地面积（亩）	占百分比（%）	备注
1	>3.0	78 753	71.11	
2	1.0～3.0	29 984	27.07	
3	0.5～1.0	1 087	0.98	
4	<0.5	923	0.83	
	合计	110 747	100	

第三节　其他属性

一、土壤酸碱度（pH）

土壤酸碱度是土壤形成过程综合因子作用的结果，是土壤的很多化学性质特别是盐基状况的综合反映，它对土壤的一系列肥力性质有深刻影响，在土壤分类依据中也占重要的地位。

云和县土壤耕层 pH 值为 3.2 ~ 8.6（见表 5 – 10）。红泥土、红黏土、粉红泥土、砂黏质红土、黄泥土的土种 pH 值在 5.5 以下；紫砂土 pH 值在 7.5 以上；其他土种 pH 值为 5.5 ~ 6.5。

表 5 – 10　耕地土壤 pH 值

编号	pH 值	耕地及园地面积（亩）	占百分比（%）	备注
1	>8.5	0	0.0	
2	7.5 ~ 8.5	106	0.1	
3	6.5 ~ 7.5	790	0.7	
4	5.5 ~ 6.5	18 448	16.7	
5	4.5 ~ 5.5	72 007	65.0	
6	≤4.5	19 396	17.5	
	合计	110 747	100	

不同土类的平均 pH 值由高至低依次为黄壤（6.10）>水稻土（5.90）>岩性土（5.30）>红壤（5.25）>潮土（5.15）。

二、土壤阳离子交换量

土壤阳离子交换量是土壤保肥供肥能力的重要标志之一。阳离子交换量大小与土壤质地、有机质含量关系密切。

云和县土壤阳离子交换量的含量在4.6～9.8cmol（+）/kg之间，平均7.80cmol（+）/kg，属中等偏低水平（表5－11）。

表5－11　耕地土壤阳离子交换量

编号	阳离子交换量 cmol（+）/kg	耕地及园地面积（亩）	占百分比（%）	备注
1	5～10	110 705	99.96	
2	≤5	42	0.04	
	合计	110 747	100	

不同土类的平均阳离子交换量由高至低依次为潮土（8.69cmol（+）/kg）＞岩性土（8.11cmol（+）/kg）＞红壤（8.07cmol（+）/kg）＞水稻土（7.90cmol（+）/kg）＞黄壤（7.76cmol（+）/kg）。

从地域来看，中部河谷平原的土壤阳离子交换量高于北部、南部的高丘低丘；从土壤类型来看，水田土壤的土壤阳离子交换量高于旱地土壤；从土壤质地来看，质地黏重的土壤阳离子交换量就大，质地疏松就小；从有机质含量来看，有机质含量高的土壤阳离子交换量就大，反之就小。

三、土壤容重

土壤容重可以作为土壤的肥力指标之一。土壤容重大小决定于土壤质地、土壤结构、土壤有机质含量和灌溉耕作措施等，因此，土壤容重随耕作、灌溉和施肥等农业措施的不同而经常变化。

云和县耕地土壤容重变化幅度为0.88～1.25g/cm³，平均值为1.11g/cm³（表5－12）。

表5－12 耕地土壤容重

编号	土壤容重（g/cm³）	耕地及园地面积（亩）	占百分比（%）	备注
1	>1.3	0	0.0	
2	1.1～1.3	37 338	33.7	
3	0.9～1.1	73 300	66.2	
4	≤0.9	109	0.1	
	合计	110 747	100	

不同土类的平均容重由高至低依次为岩性土（1.10g/cm³）>黄壤、水稻土（1.08g/cm³）>红壤、潮土（1.06g/cm³）。

四、耕层厚度

耕层厚度，是农作物生长的重要基础。全县耕地耕层厚度变化幅度为2～25cm，平均值为16.33cm（表5－13）。

表5－13 耕地土壤耕层厚度

编号	耕层厚度（cm）	耕地及园地面积（亩）	占百分比（%）	备注
1	>20	230	0.2	
2	16～20	45 723	41.3	

（续表）

编号	耕层厚度（cm）	耕地及园地面积（亩）	占百分比（%）	备注
3	12～16	64386	58.1	
4	8～12	408	0.4	
5	≤8	0	0.0	
	合计	110747	100	

不同土类的平均耕层厚度由高至低依次为岩性土（16.43cm）>水稻土（16.41cm）>黄壤（16.33cm）>红壤（16.25cm）>潮土（16.14cm）。

五、冬季地下水位

云和县水稻土地下水位在80cm以上，占55.2%，排水条件一般（表5－14）。

表5－14 冬季地下水位（距地面厘米）

编号	地下水位（cm）	耕地及园地面积（亩）	占百分比（%）	备注
1	>100	4 147	3.7	
2	80～100	56 968	51.5	
3	50～80	22 753	20.5	
4	20～50	21 913	19.8	
5	≤20	4 966	4.5	
	合计	110 747	100	

不同土类的平均冬季地下水位由高至低依次为潮土（98.33cm）>红壤（80.65cm）>黄壤（79.60cm）>岩性土（78.66cm）>水稻土（77.83cm）。

第六章　耕地地力评价与分级应用管理

第一节　耕地地力评价概况

一、耕地地力评价指标体系

耕地地力即为耕地生产能力，由耕地所处的自然背景、土壤本身特性和耕作管理水平等要素构成。耕地地力主要由三大因素决定：一是立地条件，就是与耕地地力直接相关的地形地貌及成土条件，包括成土时间与母质；二是土壤条件，包括土体构型、耕作层土壤的理化形状、土壤特殊理化指标；三是农田基础设施及培肥水平等。根据浙江省耕地地力分等定级方案，选择地貌类型、有机质、排涝抗旱能力等16项因子，作为云和县耕地地力评价的指标体系。

二、耕地地力分级面积

云和县耕地面积63 468亩，园地47 279亩。全县共采集862个点进行采样分析。根据耕地生产性能综合指数（IFI）采用等距法，将耕地地力划分为6个等级（表6－1）。

表6-1　耕地地力分级

编号	耕地地力分级	耕地面积（亩）	园地面积（亩）	合计面积（亩）	占百分比（%）	备注
1	一级地力	0	0	0	0.00	
2	二级地力	105	32	137	0.12	
3	三级地力	16 660	11 467	28 127	25.40	
4	四级地力	37 280	29 735	67 015	60.51	
5	五级地力	9 423	6 045	15 468	13.97	
6	六级地力	0	0	0	0.00	
	合计	63 468	47 279	110 747	100	

三、耕地地力分级土种构成

云和县耕地地力等级高低与土壤种类之间有着一定的相关性，土壤肥力水平好和土壤发育程度较高的土种，出现在二、三级地力耕地的几率较大（表6-2）。

表6-2　耕地地力分级土种构成

编号	耕地地力分级	主要土种	备注
1	一级地力		
2	二级地力	棕泥沙田	
3	三级地力	泥沙田、黄泥田、黄泥粗砂田、狭谷砾鉀泥沙田、砂性黄泥田、石砂土、泥沙土、黄泥沙田、棕泥沙田、白砂田、山地黄泥砂田	
4	四级地力	黄泥沙田、山地黄泥砂田、泥砂田、黄泥沙田、砂性黄泥田	
5	五级地力	冲洪积物	
6	六级地力		

耕地地力分级不同，土壤属性也不同，具体见表6－3。

表6－3　耕地地力分级土壤属性

编号	土壤属性	最优值	二级地力	三级地力	四级地力	五级地力
1	地貌类型	水网平原	盆地	盆地丘陵	低丘	低山
2	耕层质地	黏壤土	壤土	壤土黏壤土	壤土砂土	壤土
3	地表砾石度（>1mm 占%）	≤10	8～19 平均15.6	8～21 平均16.98	8～21 平均18.03	8～21 平均18.60
4	坡度	<3	0.5	0.5	0.5	0.5
5	耕层厚度（cm）	>20	>20 平均21.02	15～20 平均16.20	10～23 平均15.86	15～20 平均13.96
6	剖面构型	A－Ap－W－C A－［B］－C	A－Ap－W－C	A－Ap－W－C A－［B］－C	A－Ap－W－C	A－Ap－W－C
7	pH值	6.5～7.5	5.6～6.9 呈弱酸性	3.4～8.6 呈弱酸性	3.2～5.9 呈酸性	3.3～5.6 呈酸性
8	容重（g/cm^3）	0.9～1.1	1.03～1.17 平均1.07	0.89～1.25 平均1.11	0.88～1.24 平均1.09	0.88～1.23 平均1.05
9	阳离子交换量［cmol（+）/kg］	>20	7.6～8.9 平均8.52	5.6～9.8 平均7.80	4.6～9.6 平均7.78	4.86～9.39 平均7.68
10	有机质（g/kg）	>40	29.2～60.9 平均42.5	7.4～75.5 平均36.95	7.4～85.0 平均33.4	8.55～75.03 平均26.76
11	水溶性盐总量（g/kg）	≤1	0.1～0.7 平均0.4	0.1～1.0 平均0.41	0.1～0.9 平均0.45	0.1～0.7 平均0.38
12	有效磷（mg/kg）	35～50	41.3～720.5 平均253.4	2.6～723.0 平均104.5	0.3～612.8 平均63.8	2.82～261.93 平均31.31

（续表）

编号	土壤属性	最优值	二级地力	三级地力	四级地力	五级地力
13	速效钾（mg/kg）	>150	145.0～380.0 平均226.4	13.0～806.0 平均109.0	11.0～349.0 平均63.7	13.02～315.9 平均56.83
14	冬季地下水位（cm）	>100	100 平均100	15～120 平均94.02	15～120 平均56.39	15～120 平均30.66
15	排涝能力	一日暴雨 一日排出	一日暴雨 两日排出	一日暴雨 两日排出	一日暴雨 两日排出	一日暴雨 两日排出
16	耕地面积（亩）		137	28127	67015	15468

第二节　二级地力耕地土壤属性与应用管理

云和县二级地力耕地面积有137亩，占全耕地总面积的0.124%，是全县综合生产能力最好的耕地，主要构成土种为棕泥沙田、山地黄泥砂田、砂性黄泥田。主要分布在天堂坑村、局村、山脚村等村。

一、立地状况

云和县二级地力耕地所处的地貌类型为盆地，地势较为平坦，成土母质为黄红壤残积物、安山玄武岩风化物和山地黄泥土坡积物，土壤质地大多为中壤土。耕地路、林、渠配套，农田生态环境良好，交通便利，灌排较为畅通，灌溉保证率100%，属于旱涝保收农耕地，耕作层厚度大于20cm，剖面构型为A－Ap－W－C型。土壤类型主要为水稻土（占90.1%），其次为红壤（占9.9%）。

云和县二级田较少，集中分布在云和镇，占二级田面积的100%。

二、理化性状

1. pH值

二级地力耕地土样的土壤pH值最高为6.9，最低为5.6。其中：pH值在5.5~6.5的占40%，pH值6.0~7.0的占60%。土壤酸碱度呈弱酸性。

2. 容重

二级地力耕地土壤耕层土壤容重最大值为1.17g/cm^3，最小值为1.03g/cm^3，平均值为1.07g/cm^3。其中：容重在1.0~1.1g/cm^{3}的占80%，在1.1~1.2g/cm^{3}的占20%。

3. 阳离子交换量

二级地力耕地土样耕层土壤阳离子交换量最大值8.9cmol（+）/kg，最小值7.6cmol（+）/kg，平均值为8.52cmol（+）/kg。其中：阳离子交换量在5~10cmol（+）/kg的占100%。

三、养分状况

1. 有机质

二级地力耕地土样耕层土壤有机质含量最高值60.9g/kg，最低值为29.20g/kg，平均含量为42.5g/kg。其中：有机质含量在20~30g/kg的占40%，高于30g/kg占60%。

2. 全氮

二级地力耕地土样耕层土壤全氮含量最高值2.89g/kg，最低值为1.75g/kg，平均含量为2.26g/kg。其中：全氮含量高于2g/kg的占80%，低于2g/kg的占20%。

3. 有效磷（Bray法）

二级地力耕地土样耕层土壤有效磷含量最高值为720.5mg/kg，最低值为41.3mg/kg，平均值为253.4mg/kg。其中：有效磷含量基本高于50mg/kg，占80%，低于50mg/kg的只占20%。

4. 速效钾

二级地力耕地土样耕层速效钾含量最高值为380mg/kg，最低值为145mg/kg，平均值为226.4mg/kg。其中：速效钾含量高于80mg/kg的占60%，低于80mg/kg的占40%。

四、生产性能及管理建议

二级地力耕地是云和县农业生产能力最好的耕地，此类耕地在土地改良、园田化建设及吨粮工程建设中得到一定改造，土壤肥力水平得到提高，目前，这类耕地的农业利用以粮食生产为主，主要是种植制度单季稻—蔬菜（长豇豆或蚕豆）。

二级耕地立面积较小，立地条件较为优越，土地平整，耕地园田化程度较高，土壤养分全面，而且丰富，土壤pH呈弱酸性，土壤容重较轻，土壤阳离子交换量较高，蓄肥保水能力总体较强。耕层土壤有机质较丰，有效磷与速效钾含量总体较高。

对于二级耕地的管理，应在种植结构与技术措施上下工夫。大力推广优高效农业经营模式，在重点种好粮油作物的基础上根据市场需求调整种植结构；大力培肥土壤，对一部分土壤有机质不足的耕地应增施有机肥料。推广测土配方施肥技术，提高肥料利用效率，减少肥料面源污染，改善农田土壤生态环境，达到农业生产经济效益与生态效益的有机结合，实现农业生产可持续发展。

第三节 三级地力耕地土壤属性与应用管理

云和县三级地力耕地面积有28 127亩，占全耕地总面积的25.397%，属于全县中产耕地的上等地。主要构成土种有泥沙田、黄泥田、黄泥粗砂田、狭谷砾鉀泥沙田、砂性黄泥田、石砂土、泥沙土、黄泥沙田等。三级地力耕地主要分布在云章、高胥村、后山村、沙溪村、新岑村等村。

一、立地条件

云和县三级地力耕地所处的地貌类型主要为盆地和丘陵，成土母质多为洪积物、黄泥土和坡积物，土壤质地主要是壤土和黏壤土，耕作层厚度一般在15～20cm，平均耕作层厚度16.98cm。剖面的土体构型为A－Ap－W－C及A－［B］－C型。三级地力耕地是云和县农作物生产能力较强的耕地，它具有光热条件好，土壤质地适中供肥速，保肥力中等，耕作轻松，易旱作也易水作等优点。这类耕地农田生态环境良好，交通便利，灌排较为畅通，灌溉保证率85%以上。土壤类型主要为水稻土（占47.8%），其次为红壤（占42.3%），少数为黄壤（占8.2%）和岩性土（占1.7%）。

三级田较集中分布在云和镇，占三级田面积的72.3%、其余的三级田主要分布在云坛乡（占总三级田的8.9%）、石塘镇（占总三级田的5.5%）、紧水滩镇（占总三级田的3.9%）、黄源乡（占总三级田的3.4%），其他零星分布在赤石乡、沙浦乡、雾溪畲族乡。

二、理化性状

1. pH 值

三级地力耕地土样的土壤 pH 最高为 8.6，最低为 3.4。其中 pH 值在 4.5～5.5 的占 61.40%，pH 值高于 5.5 占 33.58%，pH 值低于 4.5 的占 5.02%。土壤酸碱度多数为弱酸性。

2. 容重

三级地力耕地土壤耕层土壤容重最大值为 1.25g/cm^3，最小值为 0.89g/cm^3，平均值为 1.11g/cm^3。其中：容重在 1.0～1.1g/cm^3 占 19.30%，容重高于 1.1g/cm^3 的占 65.16%，容重低于 1.0g/cm^3 的占 15.54%。

3. 阳离子交换量

三级地力耕地土样耕层土壤阳离子交换量最大值 9.8cmol（+）/kg，最小值 5.6cmol（+）/kg，平均值为 7.8cmol（+）/kg。其中：阳离子交换量在全部在 5～10cmol（+）/kg。

三、养分状况

1. 有机质

三级地力耕地土样耕层土壤有机质含量最高值 75.5g/kg，最低值为 7.4g/kg，平均含量为 36.95g/kg。其中：有机质含量在 20～30g/kg 的占 24.06%，有机质含量大于 30g/kg 的占 73.18%，有机质含量低于 20g/kg 的占 2.76%。

2. 全氮

三级地力耕地土样耕层土壤全氮含量最高值 7.01g/kg，最低值为 1.01g/kg，平均含量为 2.49g/kg。其中：全氮含量在 1.5

~2.0g/kg 的占 19.80%，全氮含量高于 2.0g/kg 的占 74.44%，全氮含量低于 1.5g/kg 的占 5.76%。

3. 有效磷（Bray 法）

三级地力耕地土样耕层土壤有效磷含量最高值为 723mg/kg，最低值为 2.6mg/kg，平均值为 104.52mg/kg。其中：有效磷含量在 18 ~25mg/kg 的占 7.52%，有效磷含量高于 25mg/kg 的占 83.21%，有效磷含量低于 18mg/kg 的占 9.27%。

4. 速效钾

三级地力耕地土样耕层速效钾含量最高值为 806mg/kg，最低值为 13mg/kg，平均值为 109.02mg/kg。其中：速效钾含量在 100 ~150mg/kg 的占 19.30%，速效钾含量高于 150mg/kg 的占 21.05%，速效钾含量低于 100mg/kg 的占 59.65%。

四、生产性能及管理建议

三级地力耕地是云和县农业生产能力处于较高状态的一类耕地，这类耕地多数地处低丘和河谷平原，地势开阔，地面相对较平坦，土层比较深厚，阳光充足，又有足够的灌排水源，农民有秸秆还田的历史习惯，农家肥施肥量亦多，因此土壤比较肥沃。在 20 世纪 50 年代至 90 年代，通过土地平整改良、园田化建设、吨粮田工程和现代农业示范园区建设，耕地得到充分改良，尤其是第二次土壤普查，查明这类耕地土壤缺乏磷、钾元素，农民重视施用磷、钾肥，近几年有开展测土配方施肥，农民科学施肥水平提高，耕地地力得到进一步提高，这类耕地目前是云和县重要粮食基地，目前，三级耕地的农业利用以种植粮食作物和蔬菜为主。

这次调查结果分析三级耕地立地条件较为优越，土地平整，耕地园田化程度较高，土壤养分较为全面，土壤 pH 多数为酸性，土壤容重较轻，土壤阳离子交换量偏低，蓄肥保水能力总体较强。耕层土壤有机质含量较丰，有效磷含量高，速效钾含量总体较高。对于这类耕地的管理，农业生产上继续改良与培肥土壤，增施有机肥，控制磷肥的施用量，适施钾肥，加强测土配方施肥，提高肥料利用率。

第四节　四级地力耕地土壤属性与应用管理

云和县四级地力耕地面积有 67 015亩，占全耕地总面积的 60.512%，属于全县中产田。主要构成土种有黄泥沙田、山地黄泥砂田、泥砂田、黄泥沙田、砂性黄泥田等。四级地力耕地主要分布在高胥村、临海洋村、高山村等村。

一、立地状况

四级地力耕地所处的地貌类型主要为低丘，成土母质主要有山地黄泥土、黄泥土、黄泥砂土，土壤质地主要为壤土、黏土和砂土，耕作层厚度一般在 10 ~ 23cm，平均值为 15.86cm。剖面的土体构型主要为 A - Ap - W - C 型。灌溉多为自流灌溉，旱地主要依靠人工浇水和自然降雨，水田灌溉保证率 78% 左右，排涝能力较强。四级地力耕地由于土壤砾石含量较高，部分耕地又有焦砾塥，土壤肥水保蓄能力稍显不足，地力状况稍弱于三级地力的耕地。土壤类型主要为红壤（占 49.3%），其次为水稻土（占 32.3%），少数为黄壤（占 17.8%），岩性土（占 0.2%）和潮土（占 0.2%）最少。

四级田较集中分布在朱村乡（占总四级田的20.6%）、石塘镇（占总四级田的12.6%）和崇头镇（占总四级田的10.4%）、紧水滩镇（占总四级田的7.8%），其他四级田零星分布在安溪畲族乡、赤石乡、大湾乡、大源乡、黄源乡、沙铺乡、雾溪畲族乡、云丰乡、云和镇、云坛乡等乡镇。

二、理化性状

1. pH 值

四级地力耕地土样的土壤 pH 最高为5.9，最低为3.2。其中：pH 值为 4.5 ~ 5.5 的占 77.78%，pH 值高于 5.5 的占 5.56%，pH 值低于4.5 的占16.66%。土壤酸碱度呈酸性。

2. 容重

四级地力耕地土壤耕层土壤容重最大值为1.24g/cm^3，最小值为0.88g/cm^3，平均值为1.09g/cm^3。

3. 阳离子交换量

四级地力耕地土样耕层土壤阳离子交换量最大值 9.6cmol（+）/kg，最小值 4.6cmol（+）/kg，平均值为 7.78cmol（+）/kg。其中：阳离子交换量在5 ~ 10cmol（+）/kg 的占99.31%，低于5cmol（+）/kg 的占0.69%。

三、养分状况

1. 有机质

四级地力耕地土样耕层土壤有机质含量最高值85.0g/kg，最低值为7.4g/kg，平均含量为33.42g/kg。其中：有机质含量在20 ~ 30g/kg 的占34.72%，有机质含量高于30g/kg 的占55.56%，有机质含量低于20g/kg 的占9.72%。

2. 全氮

四级地力耕地土样耕层土壤全氮含量最高值4.68g/kg，最低值为1.01g/kg，平均含量为2.38g/kg。其中：全氮含量在1.5~2.0g/kg的占24.31%，全氮含量高于2.0g/kg的占65.28%，全氮含量低于1.5g/kg的占10.41%。

3. 有效磷（Bray法）

四级地力耕地土样耕层土壤有效磷含量最高值为612.8mg/kg，最低值为0.3mg/kg，平均值为63.80mg/kg。其中：有效磷含量在18~25mg/kg的占6.94%，有效磷含量高于25mg/kg的占56.25%，有效磷含量低于18mg/kg的占36.81%。

4. 速效钾

四级地力耕地土样耕层速效钾含量最高值为349mg/kg，最低值为11mg/kg，平均值为63.68mg/kg。其中：速效钾含量在100~150mg/kg的占8.33%，速效钾含量高于150mg/kg的占6.25%，速效钾含量低于100mg/kg的占85.42%。

四、生产性能及管理建议

四级地力耕地是云和县农业生产能力处于中等的一类耕地，由于农民的精细管理和重视肥料的投入，这类耕地的农作物产量与三级地力耕地的农作物产量差异不大，但净收益不如前两类耕地。

四级地力耕地多数地处低丘，目前，这类耕地上主要种植蔬菜及水果，由于农户对种植蔬菜及水果的重视，在这些耕地上施肥量大，有机肥用量比较充足，秸秆还田数量大，致使这些耕地土壤有机质比较丰富，肥力的提升比较明显。

这类耕地土壤呈酸性，并有不断酸化的趋势，土壤容重比较轻，土壤阳离子交换量略偏低，耕层土壤有机质和速效钾含量尚丰，但有效磷含量过高。对于这类耕地的管理，应加强对酸化土壤的纠正，控制酸性化肥的施肥量，大力开展测土配方施肥，讲究施肥方法，以节省农业生产成本，减少面源污染，改善农田生态环境。

第五节　五级地力耕地土壤属性与应用管理

云和县五级地力耕地面积有 15 468亩，占全耕地总面积的13.964%，属于全县中低产田。主要构成土种有黄泥土、粉红泥土等。五级地力耕地主要分布在朱村乡、崇头镇。

一、立地状况

五级地力耕地所处的地貌类型主要为低山及高丘，成土母质主要有冲洪积物，土壤质地主要为壤土，耕作层厚度一般在15～20cm。剖面的土体构型主要为 A－Ap－W－C 型。灌溉多为自流灌溉，灌溉保证率70%左右，排涝能力较强，但遇暴雨形成特大洪水，容易冲毁农田。一般土壤中粒径大于1mm 的砾石含量在18.60%左右，由于土壤砾石含量较高，故土壤保肥蓄水能力较弱，土壤肥力状况弱于前三类地力的耕地。土壤类型主要为红壤（占49.7%），其次为水稻土（占38.2%），少数为黄壤（占12%），岩性土（占0.1%）最少。

五级田较集中分布在朱村乡（占总五级田的37.5%）、崇头镇（占总五级田的24.7%），安溪畲族乡（占总五级田的7.7%）其他五级田零星分布在赤石乡、大湾乡、大源乡、黄源乡、沙铺乡、雾溪畲族乡、云丰乡、云和镇、云坛乡等乡镇。

二、理化性状

1. pH 值

五级地力耕地土样的土壤 pH 值最高为 5.6，最低为 3.3。其中：pH 值为 4.5～5.5 的占 61.4%；低于 4.5 的占 37.8%，；高于 5.5 的占 0.8%。土壤酸碱度呈酸性。

2. 容重

五级地力耕地土壤耕层土壤容重最高值为 1.23g/cm^3，最低值为 0.88g/cm^3，平均值为 1.05g/cm^3。其中：土壤容重在 0.9～1.1g/cm^3 的占 57.1%，低于 0.9g/cm^3 的占 0.6%，高于 1.1g/cm^3 的占 42.2%。

3. 阳离子交换量

五级地力耕地土样耕层土壤阳离子交换量最高值为 9.39cmol（+）/kg，最低值为 4.86cmol（+）/kg，平均值为 7.68cmol（+）/kg。其中：土壤阳离子交换量在 5～10cmol（+）/kg 的占 99.7%，低于 5.0cmol（+）/kg 的占 0.3%。

三、养分状况

1. 有机质

五级地力耕地土样耕层土壤有机质含量最高值为 75.03g/kg，最低值为 8.55g/kg，平均含量为 26.76g/kg。其中：有机质含量为 20～30g/kg 的占 27.3%，高于 30g/kg 的占 65.1%，低于 20g/kg 的占 7.6%。

2. 全氮

五级地力耕地土样耕层土壤全氮含量最高值 4.58g/kg，最低值为 0.97g/kg，平均含量为 2.21g/kg。其中：全氮含量在 1.5～2.0g/kg 的占 23.61%，全氮含量高于 2.0g/kg 的占 64.58%，全氮含量低于 1.5g/kg 的占 11.81%。

3. 有效磷（Bray 法）

五级地力耕地土样耕层土壤有效磷含量最高值为 261.93mg/kg，最低值为 2.82mg/kg，平均值为 31.31mg/kg。其中：有效磷含量在 18～25mg/kg 的占 4.6%，有效磷含量高于 25mg/kg 的占 75.5%，有效磷含量低于 18mg/kg 的占 19.9%。

4. 速效钾

五级地力耕地土样耕层速效钾含量最高值为 313.95mg/kg，最低值为 13.02mg/kg，平均值为 56.83mg/kg。其中：速效钾含量在 100～150mg/kg 的占 5.4%，速效钾含量高于 150mg/kg 的占 14.8%，速效钾含量低于 100mg/kg 的占 79.8%。

四、生产性能及管理建议

五级地力耕地是云和县农业综合生产能力处于偏低的一类耕地。这类耕地大部分地处低丘陵地，部分为山间垅田与中、高丘陵山坡上的梯田，在山区这类耕地地势高，水源缺乏，又有山体阻隔，对农作物产量影响较大。这类耕地由于当地农民有秸秆还田习惯，而且有机肥肥源充足，致使土壤有机质含量比较高。在全国第二次土壤普查后，特别是近几年开展测土配方施肥，农民重视磷钾肥和复合肥的施用，促使土壤中有效磷及速效钾的含量普遍提高。因此，这类耕地的土壤肥力水平亦在不断提高之中。目前，此类耕地农业利用以种植茶叶和粮食作物为主，种植粮食作物的多采取早稻－晚稻－蚕豆（或油菜）、单季晚稻－春玉米（或蚕豆）的种植模式。

这次耕地地力调查结果分析显示，五级地力耕地土壤呈酸性，pH 值在 4.2 左右，有效磷含量较低，土壤容重比较轻，土壤阳离子交换量略偏低。部分耕地土壤质地黏重，黏结力大，耕作性能差；还有部分耕地土层较薄，土体含砂量及砾石含量较高，故漏水漏肥性强，在一般的肥水管理下作物后期易脱水脱肥，对作物生长不利。对这类耕地的管理，农业生产上提倡少量多次的施肥方法以减少肥料的流失，提高肥料利用率。大力推广测土配方施肥，控制和增加磷肥用量，增施生石灰等碱性肥料，加强对酸化土壤的纠正，增施有机肥，改善土壤理化性质，促进土壤团粒结构的形成，提高土壤保肥蓄水性能。

第七章　耕地地力综合评价与对策建议

第一节　耕地地力综合评价

一、综合评价

（一）地型地貌

云和县地形复杂，丘陵山地占绝大多数，土壤类型较多，理化性状各异，有利于多种作物的生长，有利于合理布局，协调发展。但是，由于地形切割较深，陡坡面积较大，对改造、利用带来一定困难。

（二）坡度

水田主要分布在平原、盆地及其他低山缓坡中，坡度一般低于10度，水土保持较好。园地面积绝大多数分布在低山缓坡以及盆地丘陵上。

（三）剖面构型

水田主要有A－Ap－W－C型（潴育型水稻土）、旱地剖面构型多数是A－［B］－C。

（四）地表砾石度

大部分水田地表砾石度（>1mm占%）在10%左右，但个别地方的水田地表砾石度也有大于10%，特别是近年来的土地整理，耕作层受到破坏，严重影响种植。

（五）冬季地下水位

水稻田大多数地下水位在100cm以上，排水条件很好。但也有一小部分地块的地下水位只有15cm。

（六）耕层厚度

耕地耕层厚度变化幅度在2～25cm，平均值为16.33cm，基本能满足农作物生长。

（七）耕层质地

耕层质地以壤土为主，砂土、黏壤土占小部分。宜耕性较好。

（八）容重

耕地土壤容重变化幅度在0.88～1.25g/cm^3，平均值为1.11g/cm^3。土壤较为疏松。

（九）pH值

土壤耕层pH值在4.5～5.5的面积占61.66%；≤4.5的面积占11.15%，全县耕地总体较酸。但也有少量面积的紫砂土，pH值在7.5以上，这些耕地不宜种植茶叶。

（十）阳离子交换量

土壤阳离子交换量的含量在4.6～9.8cmol（+）/kg，平均7.80cmol（+）/kg，属中等偏低水平。

（十一）水溶性盐总量

水溶性盐总量总体较低，对农作物生长不会产生影响。但在个别大棚蔬菜的耕地中水溶性盐总量较高，需要灌水洗盐。

（十二）有机质

土壤耕层有机质含量平均值为36.0g/kg，变化幅度为7.4～85.0g/kg之间，属于中等水平。

（十三）有效磷

土壤耕层有效磷含量平均值为94.6mg/kg，变化幅度为0.3~723.0mg/kg，属于较高水平。

（十四）速效钾

土壤耕层速效钾含量平均值为98.0mg/kg，变化幅度为11.0~806.0mg/kg，属于中等水平。

（十五）排涝能力

排涝能力总体很好。

二、土壤养分时空演变状况

这次耕地地力评价所取的862个土壤样本养分测定与1981年全县第二次土壤普查耕地土壤（主要是水稻土）耕层养分农化分析结果对比，得出第二次土壤普查后31年来土壤养分时空变化状况。

（一）土壤有机质含量变化不大

1981年云和县有机质平均含量35.3g/kg，2012年云和县有机质平均含量36.0g/kg，增幅为2.0%。

主要原因：

①随着农村煤气灶的使用，秸秆当作燃料的数量减少，秸秆还田数量有所增加，但还存在一定的秸秆焚烧问题。

②商品有机肥的推广使用，但使用量较少。

（二）土壤全氮含量普遍提高

1981年云和县土壤全氮平均含量1.38g/kg，2012年云和县土壤全氮平均含量2.46g/kg，增幅为78.26%。

主要原因：

①土壤有机质提高，而土壤有机质与全氮含量具有良好的

相关性，势必带来土壤全氮含量普遍提高。

②氮肥施用量过多，造成土壤氮素收支相抵，盈余较多。

（三）土壤有效磷含量增幅较大

1981 年云和县土壤有效磷平均含量 68.4mg/kg，2012 年云和县土壤有效磷平均含量 94.6mg/kg，增幅为 38.3%。

主要原因：磷素容易被土壤固定，在土体内移动很小，不易流失。连续大量施用磷肥，能迅速提高土壤中的有效磷含量。

（四）土壤有效钾含量微增

1981 年云和县土壤有效钾平均含量 69.08mg/kg，2012 年云和县土壤有效钾平均含量 98.00mg/kg，增幅为 41.86%。

主要原因：虽然近年来钾肥施用数量有所增加，但由于种植杂交稻、蔬菜等作物需钾量也很大，收支基本平衡。

第二节　地力建设对策与建议

一、施肥中存在的问题

（一）重化肥轻有机肥

生产上重视化肥施用，有机肥的施用越来越少，绿肥种植面积逐年减少，农家肥施用不足，造成土壤有机质含量不高，土壤肥力下降。

（二）重氮磷钾肥轻中微量元素肥料

生产中大量施用氮磷钾肥，中微量元素基本不施；土壤缺硼严重，镁、锌含量在临界值以下的也有零星地块出现。

（三）土壤板结日趋严重，土壤肥力差异扩大

土壤耕作和管理不尽合理，施肥种类单一，偏施氮素化肥现象突出，有机肥料施用不足，农田土壤板结现象突出。在地区之间、作物之间施肥不平衡，即使在同一地区，投入的化肥品种、数量的不同，导致同区域、同种土壤肥力的差异加大。

（四）施肥方法不当，肥料利用率低

部分农民对旱地追肥是在下雨时将化肥散于表土，造成养分随水流失或挥发损失，利用率低下；有的农户是在下雨时追肥，化肥随水流走，损失严重；有的农户是用酸性肥料与碱性肥料混施，降低了肥效。

二、施肥对策

根据针对耕地土壤养分现状和变化情况以及施肥中存在的问题，必须以有机肥为主，化肥为辅，有机肥料与无机肥料相结合，大量元素与中微量元素相结合，施足基肥，合理追肥，科学配比，测土施肥。

（一）重视有机肥

首先要推广秸秆还田技术，大力发展经济绿肥。其次大力积造和增施有机肥料。应积极制定优惠政策，营造重视有机肥、足量施用有机肥的社会环境，保证有机肥施用量每公顷 15t 以上。

（二）控制氮肥，提高氮素化肥利用率

根据速效氮含量状况，在氮素化肥的施用上要控制总量，按照不同区域、不同土壤、不同作物确定合理的氮肥用量。高肥力田块要适当降低氮肥用量，中、低肥力田块要适当增加或保持施肥量。一般稻田施用纯氮量每公顷控制在 150～225kg。

（三）减少磷肥用量

耕地土壤总体速效磷含量达到2级指标，耕地土壤速效磷相对丰富。因此，除速效磷含量低的田块适当增加施用量外，其他田块要减少磷肥施用数量。稻田磷肥施用纯量每公顷60～90kg。

（四）减少钾肥用量

云和县耕地土壤有效钾含量普遍较高。因此，除速效钾含量低的田块适当增加施用量外，其他田块要减少钾肥施用数量。一般稻田钾肥施用纯量每公顷为90～130kg。

（五）补施中微肥

施用中微肥，具有投资少、效益高的特点。但对中微量元素含量较丰富的土壤，施用中微肥不仅造成浪费，而且还有可能因施量不当造成中毒减产。因此，补施微肥必须有较强的针对性和适宜的用量。云和耕地土壤普遍缺硼，小面积缺镁、锌。在施用中应根据当地实际，因地制宜，“缺什么、补什么”，重视中微量元素肥料施用，适时进行适量补施，防止过量造成肥害。

随着测土配方施肥项目在云和县进一步推进，摸清了影响云和县农作物生产中的制约因子主要有：土壤偏酸、部分水田易旱等，建议采取以下改造技术措施。

三、配方施肥

根据当前农户对农田的投入只重视化肥不重视有机肥的现象，要指导农户重视有机肥和无机肥的配合施用，达到降低成本和改良土壤的目的。根据土壤中氮、磷、钾高的实际，依据作物的需肥规律，合理调整氮、磷、钾比例，实施精准施肥和营养诊断施肥等先进的科学施肥技术。推广应用生物有机肥、水稻专用肥等，提高肥料使用效益和肥料利用率。

四、增施有机肥

针对粮田有机肥投入少的问题，积极引导和鼓励农户广辟有机肥源，增施有机肥和有机无机生物肥料，疏松和活化土壤，改善土壤理化性状，培肥地力。一是发展绿肥，逐步推行粮－肥型种植模式，稳步提高绿肥种植面积。二是发展畜牧业，通过养畜来积肥。三是抓好各类作物的秸秆还田技术，禁止焚烧秸秆，积极推广秸秆切碎和堆腐还田技术。四是因地制宜，利用房前屋后的杂草等，积好焦泥灰等农家土杂肥。

五、适施石灰

根据部分土壤偏酸的现状，要适施石灰，这是一条简单易行的增产措施。

六、改土培肥

针对部分标准农田如旱改水和部分土地平整田等农田的表土层脊薄、肥力差等情况，实施增加肥沃的客土和增施有机肥的办法，加深农田耕作层厚度，提高肥力水平。

七、兴修水利

因地制宜兴建山塘水库，增加蓄水，大力发展机电灌排，提高抗旱能力，扩大旱涝保收面积。

第三节　耕地资源合理配置与种植业结构调整对策与建议

云和县丘陵山地多，耕地少。以红壤、黄壤为主，岩性土为次的山地土壤，厚度适中，偏酸性居多兼有碱性土；水、热条件好，回春早，有多种多样的山地小气候。自然条件组合较为协调，且具有显著的垂直层次性，水稻、水果（柑桔、桃、杨梅、葡萄、枇杷等）、蔬菜、茶叶等作物都有其适生区域。为合理配置耕地资源，提出如下种植业结构调整建议：

一、稳定粮食生产

全面落实粮食生产扶持政策，积极开展粮食功能区建设，结合现代农业综合区规划和标准农田分布情况。

云和县规划在2010—2018年，在13个乡镇，30个区块建设1万亩粮食功能区，进行路、渠、沟、电配套、地力提升等基础设施建设；推广粮食多熟制技术，使复种指数超过200%；推广先进技术，良种覆盖率100%，先进技术90%以上（主推95%以上）；开展统一服务：品种、肥水、植保、技术、机械化“五统一”服务，水稻统防统治服务80%以上，机耕达到90%以上，机收达到40%以上，机手插达到50%以上。以达到进一步改善粮食生产条件，提高粮食生产综合生产能力，粮食作物单产比当地同类作物增产10%以上、经济作物效益高8%以上高产高效目的。

二、培育优势产业

在稳定以长豇豆为主的山地蔬菜的基础上，将蔬菜产业作为发展城郊型农业的突破口来抓，加快推进露地栽培向设施生产转变，进一步提高抵御自然风险能力和亩产效益。山地蔬菜重点推广“微滴微灌”。加大优良品种引种力度，采用先进适用技术，提升蔬菜产品档次和单位面积经济效益。实施蔬菜产业提升工程，加快蔬菜标准化生产，优化蔬菜产业区域布局。2011 年云和县蔬菜种植面积 2.793 0万亩（含西瓜），总产 3.744 3万 t，产值 5 694.9万元，每亩产量 1.34t，亩产值 2 039 元。常年蔬菜基地面积 837 亩，播种面积 2 250亩，山地蔬菜面积 19 628亩，设施蔬菜总面积 1 800亩，其中标准钢架大棚 450 亩。

第四节 加强耕地质量管理的对策与建议

近年来，耕地占补平衡虽然在耕地面积数量上达到要求，但在耕地质量上达不到要求，同时土地整理和新开耕地的一些相关项目由于缺乏专业的农业耕地技术指导，整理效果不尽人意。各种建设用地大部分占用了平整、土地质量等级较高的耕地，而开垦的耕地大多在山区、丘陵，新开耕地没有形成耕作层或耕作层很薄，土壤肥力低，漏水漏肥严重，再加之绝大部分新增耕地没有进行地力培肥，致使新开耕地质量明显不如被占耕地，甚至有些由于质量差、产量低或种不出庄稼，无人愿意耕种而被撂荒。对此，农民群众意见较大。据对新开耕地的调查情况来看，由于肥料施用量较少，新开耕地上的农作物普遍生长不好，未取得培肥土壤的作用。针对云和县耕地质量现状及建设方面存在的问题，我们认为，应采取有力措施，不断加大对耕地质量建设的投资力度，尽快提高耕地对粮食生产的保障能力。

一、实施耕地质量保护工程

用 5～10 年时间，根据不同区域的耕地地力水平，相应开展实施沃土工程、中低产田改造工程和退化耕地修复工程。建议丽水市云和县财政局根据中央 1 号文件提出的“确定一定比例的国有土地出让金，用于支持农业土地开发，建设高标准基本农田，提高粮食综合生产能力”的要求，每年从耕地占用费中拿出一定比例资金用于标准化农田建设和耕地质量建设，并重点支持中低产田改造工程的实施。同时实施被占用耕地表土剥离工程，将肥力好的土壤以客土回填的形式铺到新开垦的耕地中，以提高新开垦耕地土壤等级。

二、实施严格的耕地质量监测和管理制度

加强耕地质量监测体系建设，建立耕地质量预警预报信息系统。进一步加强耕地质量监测点建设，密切掌握两县基本农田耕地质量状况。建立区域性耕地质量数据库，包括土壤类型、土壤养分状况及环境质量指标等监测资料，实现数据的自动处理和高速传递，建立相关数据处理初级平台。努力实现耕地质量及其环境自动监控管理，为耕地质量预警预报服务。围绕优势产业、特色产业的发展，根据不同农区生态环境、土壤类型、作物布局、耕作种植利用模式等，进一步优选和增设土壤环境

质量监测点、土壤改良监测点和土壤肥力常规监测点，设立永久性保护标志。

三、大力示范推广提高耕地质量的关键技术

为了改变云和县肥料施用效率，提高土壤肥力，减少肥料对环境的污染，应积极推广测土配方和稻草还田等提高耕地质量的关键技术。通过测土配方施肥，协调土壤、肥料、作物之间的关系，以利于提高作物产量，改善产品品质，增强农产品市场竞争力。为解决耕地有机肥紧缺的问题，大力推广稻草还田技术是行之有效的重要措施。就目前稻草还田情况看：一是还未全部普及。调查数据表明，只有 55% 的稻田面积实行了还田，并且稻草量的 20% 被焚烧或丢弃，致使有限的秸秆资源被浪费；二是稻草还田技术落后。随着秸秆还田量的增加，过去的传统方式不能满足还田的实际需要。秸秆直接还田在分解过程中和作物争肥争营养容易导致作物减产，草虫害加重等问题，因此在实行稻草还田时还必须与其他措施综合配套，如施用腐秆灵以加快稻草腐烂分解，适量增施速效氮肥，以调节土壤碳氮比、缓解微生物与作物争氮的矛盾，促进水稻前期生长，提高水稻产量。另外加大有机无机复混肥推广力度，为稻田增加有机肥源。加强对新开耕地的培肥措施，指导农民对新开耕地，采取增加有机肥的施用量，亩施有机肥达到 1.5 ~ 2.0t，运用测土配方技术指导农民多用有机无机复混肥，以提高土壤有机质含量；改善新开耕地灌溉条件，对养分极缺的土壤鼓励农民种植豆科类作物，达到培肥地力的目的。

四、建立耕地质量管理长效机制

建立由相关部门共同监管耕地质量的长效机制，建议政府积极支持成立由农业局牵头，有国土、财政、水利和环保等部门为成员单位的耕地质量管理领导小组，不定期对耕地质量管理工作进行检查监督管理，对涉及耕地质量的建设项目，立项、施工、验收等各个环节必须要有农业部门的参与，非农建设单位占用耕地事先要由农业部门进行质量等级审定，补充或是新开耕地要有农业部门的耕地质量评估意见，方能通过验收，财政部门才能拨付工程款。同时，为了加强对云和县耕地质量的监管，云和县农业局可建设耕地资源管理信息系统和基本农田质量管理数据库，实现对耕地质量监测、评价数据的统一管理，实现对耕地质量进行有效的监管。在土地整理、新开垦耕地和中低产田改造的相关项目中，应加强农业部门的参与，从专业的角度、科学的方法进行规划，对山、水、田、村、路进行综合规划，提高云和县的粮食综合生产能力，促进农业的可持续发展。

附录一　云和县标准菜园地力现状与培肥措施

土壤是农业的基础，肥料是作物的粮食。新中国成立以来特别是改革开放以来，农田施肥技术有了较大的进步，氮磷钾化肥的大量使用，促进了农作物产量的大幅度提高，为保障农产品的供应发挥了巨大的作用。但就目前现状来看，在生产过程中，重施氮、磷肥，轻钾肥和忽视微量元素肥料的施用，养分比例严重失调。施肥观念上“三重三轻”的问题较普遍，即重化肥、轻有机肥；重氮磷肥、轻钾肥；重大量元素肥料、轻中微量元素肥料。在肥料的施肥量上，区域间、作物间不平衡，农民不了解自己耕种的作物和土壤对肥料的需求，盲目施肥，过量施肥现象严重，使云和县有限的耕地资源难以得到科学合理的利用和保护，给农业生产的可持续发展和农产品的优质、高效与安全带来隐患。这不仅造成生产成本增加，而且加剧面源污染，威胁农产品质量安全。近年来，由于食用菌生产的冲击，蔬菜地耕地地力降低导致蔬菜产量停滞不前，蔬菜产业的发展十分缓慢，因此应用标准农田地力调查结果，实施标准菜园土壤培肥，通过政策推动和投入带动，减少菜农施肥上的盲目性，科学配置肥料资源，合理调整施肥比例，达到提高肥料利用率、节省肥料成本、促进菜农增产增收的目的。

一、云和县蔬菜生产现状

2011 年云和县蔬菜种植面积 2.79 万亩（含西瓜），总产

3.744 3万 t，产值 5 694.9 万元，每亩产量 1.340 6t，亩产值 2 039元。常年蔬菜基地面积 837 亩，播种面积 2 250亩，山地蔬菜面积 19 628亩，设施蔬菜总面积 1 800亩，其中标准钢架大棚 450 亩。

云和县共有 11.16 万人，其中：常住人口 9.29 万人，流动人口 1.87 万人。本地蔬菜主要品种为普通白菜、萝卜、四季豆、豇豆、南瓜等，总产量为 3.32 万 t。外销蔬菜品种以四季豆、茭白为主，年外销总量约为 30t；出口加工品种以辣椒为主，年出口总量为 257t。

二、标准菜园耕地利用现状

根据采样调查表，共采样 159 个，代表面积 2.55 万亩。全县蔬菜种植面积主要集中在云和县元和街道、崇头镇、赤石乡、紧水滩镇等乡镇，地貌类型主要为盆地和丘陵；菜园所在的地形部位主要为冲积扇、低山、中山、高山，所占比例分别是 40.17%、33.45%、24.06%、2.32%；菜园的农田设施配套情况分为完全配套、配套、基本配套、不配套、无农田设施 5 类，所占比重分别是 20.42%、20.11%、17.57%、22.72%、19.18%；菜园土壤的土种主要有山地砂性黄泥土、泥砂田、黄泥田、山地砂性黄泥田、黄泥粗砂田、砂性黄泥田、黄泥土、黄泥砂土、棕泥沙田、谷口砾心泥砂田、白砂田、峡谷泥砂田、泥沙田、粉红泥田、谷口砾钾泥沙田、峡谷泥砂土等，其中黄泥田、山地砂性黄泥土、泥砂田所占比重最大，分别为 11.32%、9.32%和 5.87%；菜园土壤耕作层质地以重石质中壤土、轻石质中壤土、重石质中壤土、中石质中壤土为主，所占比重分别是 37.02%、16.87%、16.31%、11.84%，其他质地包括非石质重壤土、中石质重壤土、重石质土等；菜园土壤耕层厚度多数在 10 ~ 20cm，其中：土壤耕作层厚度在 10 ~ 15cm 的占 24.04%，15 ~ 20cm 的占 75.96%；菜园土壤剖面的土体构型为 A - AP - W - C、及 A - [B] - C 型，所占比重分别是 96.27%、3.74%。

三、标准菜园耕地地力等级

耕地地力即为耕地生产能力，是由耕地所处的自然背景、土壤本身特性和耕作管理水平等要素构成。耕地地力等级主要由三大因素决定：一是立地条件，就是与耕地地力直接相关的地形地貌及成土条件，包括成土时间与母质；二是土壤条件，包括土体构型、耕作层土壤的理化形状、土壤特殊理化指标；三是农田基础设施及培肥水平等。根据浙江省耕地地力分等定级方案，选择地貌类型、有机质、排涝抗旱能力等 16 项因子，作为云和县菜园耕地地力评价的指标体系。

应用等距法确定耕地地力综合指数分级方案，将耕地地力等级分为三等六级（附表 1）。

附表 1　耕地地力评价等级划分表

地力等级		耕地综合地力指数（IFI）
一等	一级	≥0.90
	二级	0.90 - 0.80
二等	三级	0.80 - 0.70
	四级	0.70 - 0.60
三等	五级	0.60 - 0.50
	六级	<0.50

云和县菜园耕地采样代表总面积为2.5439万亩，根据耕地生产性能综合指数（IFI）采用等距法，将耕地地力划分为六个等级。云和县菜园耕地地力等级分级面积详见附表2。

附表2　菜园耕地地力等级分级面积

编号	耕地地力分级	耕地面积（亩）	比例（%）	备注
1	一级地力	0	0.00	
2	二级地力	465	1.83	
3	三级地力	20939	82.31	
4	四级地力	4035	15.86	
5	五级地力	0	0.00	
6	六级地力	0	0.00	
	合计	25439	100.00	

通过上表可以发现云和县菜园耕地地力主要为三级地力。三级地力占了总面积的82.31%，四级地力占总面积的15.86%，二级地力占总面积的1.83%，没有一级、五级和六级地力。

四、标准菜园土壤肥力现状

（一）菜园土壤理化性状况

1. 土壤pH值

云和县菜园土壤中pH值最低只有3.5，pH值最高为8.6，pH值平均为5.4。其中：pH值低于5.0的占35.71%，pH值为5.0~6.0的占45.71%，pH值高于6.0占18.57%。调查数据表明，云和县菜园土壤趋于酸化，而一般蔬菜生长最适宜的PH值为5.0~6.0。引起菜园土壤酸化的原因，一方面是蔬菜自身物质循环和蔬菜根系代谢而产生的土壤酸化，另一方面施肥不当、过量施用氮肥是导致目前云和县菜园土壤酸化的一个重要原因。因此，菜园土壤酸化应引起高度重视。

2. 土壤容重

菜园土样耕层土壤容重最大值为 1.25g/cm³，最小值为 0.89g/cm³，平均值为 1.11g/cm³。土壤容重是反映土壤松紧程度、空隙状况等性状的综合指标，容重不同，直接或间接地影响土壤水、肥、气、热状况，从而影响肥力的发挥和作物的生长，有可能成为作物高产的一个重要限制因子。根据土壤容重在 1.1～1.3g/cm³ 为优质高产田的标准，土壤容重总体为中等偏上水平。

3. 土壤阳离子交换量

菜园土样的耕层土壤阳离子交换量最大值为 9.20cmol（+）/kg，最小值为 5.60cmol（+）/kg，平均为 7.96cmol（+）/kg。土壤阳离子交换量是影响土壤缓冲能力高低，也是评价土壤保肥能力、改良土壤和合理施肥的重要依据。交换量在 >20cmol（+）/kg 为保肥力强的土壤；20～10cmol（+）/kg 为保肥力中等的土壤；<10cmol（+）/kg 为保肥力弱的土壤。可见土壤阳离子交换量偏低。

（二）菜园土壤的养分状况

1. 土壤有机质

云和县菜园土壤有机质含量普遍在 20～50g/kg，占 81.76%。最高为 85.0g/kg，最低为 14.4g/kg，平均含量为 35.32g/kg。有机质含量高于 50g/kg 的占 11.32%，低于 20g/kg 的占 6.92%。以上数据表明，云和县菜园土壤有机质含量水平总体较高。

2. 土壤全氮

全氮的含量能从总体上反映土壤的肥力水平和供氮水平，全氮含量与蔬菜产量也呈正相关趋势。云和县菜园土壤全氮含量普遍在 1.5 ~ 3.0g/kg，占 71.22%；高于 3.0g/kg 的占 21.68%，最高 7.1g/kg；低于 1.5g/kg 的占 7.10%，最低为 1.1g/kg，平均含量为 2.4g/kg。由此看来，农田菜园土壤全氮含量较高，这可能与农民过量施用氮肥有关。因此云和县菜园应适当减少氮素的投入，提高肥料利用率，以防引起地下水的污染和蔬菜中硝态氮的超标。

3. 土壤有效磷

云和县菜园土壤中有效磷含量普遍在 30 ~ 300mg/kg，最高土样含量为 720.5mg/kg，最低为 3.2mg/kg，平均值为 128.51mg/kg。其中有效磷含量低于 30mg/kg 的仅占 19.62%，有效磷含量高于 100mg/kg 的达 64.11%。由此看来，菜园土壤有效磷含量普遍很高。土壤中磷的富集及磷肥的过量施用会引起茄果类等蔬菜过剩的生殖生长，还可能引入大量重金属，如镉和铅，从而对菜园环境质量造成不良影响，因此应控制磷肥的投入。

4. 土壤速效钾

云和县菜园土壤速效钾含量普遍在 40 ~ 300mg/kg 之间，最高为 806mg/kg，最低为 15mg/kg，平均值为 128.13mg/kg。其中：菜园土壤速效钾含量高于 100mg/kg 的占 50.12%，低于 100mg/kg 的占 49.88%。优质高产高效菜园土壤速效钾含量要求高 100mg/kg，由以上数据来看，菜园土壤速效钾含量平均水平基本达到优质菜园钾素要求的水平，达到优质菜园钾素要求的水平占总面积的 1/2 以上。各地菜园土壤速效钾含量之间差别较大，这可能与各地菜园的栽培管理有关，因而各地应掌握好钾肥的投入，低于100mg/kg的应增施钾肥。

5. 土壤锰、锌、铜、铁有效含量

云和县菜园土壤有效锌含量范围为0. 19～14. 2mg/kg，平均值为5. 37mg/kg；有效铜含量范围为0. 06～19. 41mg/kg，平均值为1. 48mg/kg；有效铁含量范围为9. 30～69. 10mg/kg，平均值为34. 12mg/kg；有效锰含量范围为2. 00～58. 30mg/kg，平均值为16. 84mg/kg。根据专家系统软件推荐的指标，优质高产高效菜园土壤要求：有效锌含量高1. 0mg/kg，有效铜含量高于1. 0mg/kg，有效铁含量高于10mg/kg，有效锰含量高于10mg/kg。根据调查表有效锌含量高于1. 0mg/kg的面积占99. 4%；有效铜含量高于1. 0mg/kg的面积占50. 16%；有效铁含量高于10mg/kg的面积占99. 1%；有效锰含量高于10mg/kg的面积占58. 18%。由此看来，云和农田菜园土壤锌、铁含量较高，铜、锰含量一般。这可能与蔬菜所生长的土壤环境有关。菜园土壤pH值稍偏酸，氧化还原电位较低，因而锌、铁有效性较强。对于有效铜、有效锰含量低于1. 0mg/kg和10mg/kg的菜园，注意补施铜肥、锰肥。具体见附表3。

附表3　菜园土壤微量元素含量表

编号	名称	单位	实际值（平均）	推荐值（平均）	备注
1	有效锌	mg/kg	5. 37	>1. 0	
2	有效铜	mg/kg	1. 48	>1. 0	
3	有效铁	mg/kg	34. 12	>10	
4	有效锰	mg/kg	16. 84	>10	

五、菜园地生产性能及管理建议

（一）菜园地生产性能

二级地力耕地是云和县蔬菜种植最好的耕地，不过此类耕地在云和县蔬菜种植面积所占较少，经营此类耕地的农民在土地改良、园田化建设及吨粮工程建设中得到一定改造，土壤肥力水平得到提高。耕地立地条件较为优越，土地平整，耕地园田化程度较高，土壤养分全面，而且丰富，土壤 pH 多数为酸性，土壤容重较轻，土壤阳离子交换量较高，蓄肥保水能力总体较强。耕层土壤有机质较丰，有效磷与速效钾含量总体较高。对于二级地力耕地的管理，应在种植结构与技术措施上下功夫。大力推广优质高效农业经营模式，在重点种好粮油作物的基础上根据市场需求调整种植结构；大力培肥土壤，对一部分土壤有机质不足的耕地应增施有机肥料。推广测土配方施肥技术，提高肥料利用效率，减少肥料面源污染，改善农田土壤生态环境，达到农业生产经济效益与生态效益的有机结合，实现农业生产可持续发展。

三级地力耕地是云和县蔬菜种植能力处于较高状态的一类耕地，也是云和县蔬菜种植面积最多的一类，这类耕地多数地处低丘和河谷平原，地势开阔，地面相对较平坦，土层比较深厚，阳光充足，又有足够的灌排水源，农民有秸秆还田的历史习惯，农家肥施肥量亦多，因此土壤比较肥沃。耕地立地条件较为优越，土地平整，耕地园田化程度较高，土壤养分较为全面，土壤 pH 多数为酸性，土壤容重较轻，土壤阳离子交换量较高，蓄肥保水能力总体较强。耕层土壤有机质含量较丰，有效磷含量高，速效钾含量总体较高。对于这类耕地的管理，农业生产上继续改良与培肥土壤，增施有机肥，控制磷肥的施用量，适施钾肥，加强测土配方施肥，提高肥料利用率。

四级地力耕地是云和县蔬菜种植能力处于中等的一类耕地，这类耕地在云和县蔬菜种植面积所占比例不多。由于农民的精细管理和重视肥料的投入，这类耕地的农作物产量与三级地力耕地的农作物产量差异不大，但净收益不如前两类耕地。这类耕地土壤呈酸性，并有不断酸化的趋势，土壤容重比较轻，土壤阳离子交换量略偏低，耕层土壤有机质和速效钾含量尚丰，但有效磷含量过高。对于这类耕地的管理，应加强对酸化土壤的纠正，控制酸性化肥的施肥量，大力开展测土配方施肥，讲究施肥方法，以节省农业生产成本，减少面源污染，改善农田生态环境。

（二）菜园耕地土壤培肥措施

根据优质高效高产菜园的评价指标，云和县菜园土壤容重较轻，土壤阳离子交换量偏低，蓄肥保水能力总体一般，土壤呈微酸化。在云和县菜园土壤养分中，有机质、氮含量就目前水平来看多数达到指标要求；有效磷富集；速效钾平均水平虽接近指标要求，但极不平衡；锌、铁有效量较高，铜、锰虽接近指标要求，但极不平衡。

综合蔬菜需肥特性、地力培肥要求和土壤养分含量、农民施肥现状，菜园在土壤改良和施肥管理总体上应采取减氮、控磷、适钾、补锰铜、调酸、重有机肥等措施。但土壤养分含量变幅较大，建议各地在管理中应根据土壤养分丰缺状况，有的放矢，合理施肥。

1. 施用石灰

石灰的施用是改良酸性土壤的传统做法。施用石灰后不仅能中和土壤中的活性酸和交换性酸，使土壤 pH 值明显升高，土壤耕层交换性 Ca^{2+} 浓度也有所增加。由于钙饱和胶体的絮凝作用，能促使土壤胶体凝聚，有利于土壤良好结构的形成。而且施用石灰能中和酸性土壤中过多的 Al^{3+}，适量的施用还能提高土壤中磷的有效性。石灰的施用还可改善土壤微生物环境。由于酸性土壤中施用石灰改善了土壤的理化性状，对蔬菜产量和质量的提高也起到了促进作用。石灰的施用量依土壤状况而定，一般可施用石灰 25～50kg/亩，在秋季与基肥一起施入，根据实际情况掌握施用次数。

2. 施用生理碱性肥料

生理碱性肥料主要有硝酸钾、草木灰等，这些肥料均适于在酸性土壤上施用，特别是硝酸钾，因所含氮素为硝态氮形态，有利于作物的吸收利用和产量质量的提高。施用这些碱性肥料能增加土壤的 K^+ 和 OH^- 离子的浓度，有利于土壤 pH 值的提高。草木灰富含氧化钙和碳酸钾，溶于水呈碱性反应，在酸性土壤中施用不仅能降低土壤酸度，而且能提供大量的钾素营养，还可补充磷、钙、镁和一些微量元素。酸性土壤中应避免施用铵态氮肥、过磷酸钙等酸性肥料。

3. 增施有机肥

增施有机肥不仅可以提高土壤的肥力，供给作物生长必需的养分，而且还有改良土壤结构的作用，可提高土壤缓冲能力。有机肥通常都含有较丰富的钙、镁、钠、钾等元素，它可以补充由于土壤酸化而造成的盐基离子淋失，而这些盐基离子及其与各种有机酸及其盐所形成的络合体具有很强的缓冲能力，能使土壤 pH 值在自然条件下不会因外界条件改变而剧烈变化。但有机肥的施用前必须经过充分腐熟，否则它在土壤中的腐解过程中分泌一些有机酸，能加剧土壤的酸化。

4. 测土配方施肥

测土配方施肥是提高肥料利用率和调解土壤 pH 值的有效途径。通过测土配方施肥，可以有效地防止菜园土壤的进一步酸化，确定有机肥、化肥的最佳配比以及化肥中各种元素的最佳施肥量，平衡土壤养分供给，最大限度地提高肥料利用率，从而保护生态环境，达到培肥土壤、提高菜园综合生产能力的目的，是建设优质高产高效菜园的重要措施。

附录二　耕地地力评价主要参加人员

项目管理：张国平、何顺平、徐剑琴

调查采样：周晓锋、李小荣、陈国鹰、蓝月相、朱海平、吴小芳、程浩、金凯、王华珍、严红、梁平、徐丽俊

分析化验：陈国鹰、刘术新、吴小芳、金凯、王华珍、严红

田间试验：周晓锋、丁枫华、蓝月相、任伟春、陈和义

数据审核：李小荣

数据录入：金凯、王华珍

图件制作：任周桥、陈晓佳

耕地地力与配方施肥信息系统：吕晓南、任周桥、陈晓佳

耕地地力评级资料汇编：李小荣、蓝月相、吴东涛、李阳

技术支持：浙江省农业科学院环境资源与土壤肥料研究所

浙江省土肥站

主要参考文献

[1] 浙江省云和县土壤志. 云和县土壤普查办公室编. 云和，1986 年.

[2] 《云和县志》编纂委员会编. 云和县志，杭州：浙江人民出版社，1996 年 5 月.

[3] 农业部. 测土配方施肥技术规程，2008.

[4] 全国农业技术推广服务中心. 土壤分析技术规范，北京：中国农业出版社，2006.

[5] 全国农业技术推广服务中心. 土壤肥料检测指南，北京：中国农业出版社，2007.

[6] 云和县统计局. 云和年鉴，2012、2013.

[7] 云和县农牧特产局，土壤普查办公室. 云和县土地利用现状概查报告，1987.

[8] 云和县国土资源局. 云和县土地利用总体规划（2006－2020 年），2011.

[9] 丽水地区土壤普查办公室编. 丽水地区土种志，1987.

[10] 浙江省农业厅. 浙江省标准农田地力调查与分等定级技术规范，2008.

[11] 陈一定，单英杰. 浙江省标准农田地力与评价 [J]. 土壤，2007，39（6）：987－991.